数码创意 编著

数码摄影

Shuma Sheying Houqi Chuli Baodian

后期处理宝典

时代出版

时代出版传媒股份有限公司
安徽科学技术出版社

图书在版编目(CIP)数据

数码摄影后期处理宝典/数码创意编著.—合肥:安徽科学技术出版社,2014.4

ISBN 978-7-5337-6213-1

Ⅰ.①数… Ⅱ.①数… Ⅲ.①数字照相机-图像处理 Ⅳ.①TP391.41

中国版本图书馆 CIP 数据核字(2013)第 295158 号

数码摄影后期处理宝典　　　　　　　　　　　　　　　　　　数码创意　编著

出 版 人:黄和平　　　　选题策划:王 勇　　　　责任编辑:王 勇

责任校对:程 苗　　　　责任印制:李伦洲　　　　封面设计:数码创意

出版发行:时代出版传媒股份有限公司　http://www.press-mart.com

安徽科学技术出版社　　　　http://www.ahstp.net

(合肥市政务文化新区翡翠路 1118 号出版传媒广场,邮编:230071)

电话:(0551)63533330

印　　制:合肥华云印务有限责任公司　　电话:(0551)63418899

(如发现印装质量问题,影响阅读,请与印刷厂商联系调换)

开本:787×1092　1/16　　印张:10.5　　字数:235 千

版次:2014 年 4 月第 1 版　　2014 年 4 月第 1 次印刷

ISBN 978-7-5337-6213-1　　　　　　　　　　　　定价:45.00 元

Description

《数码摄影后期处理宝典》首先讲解如何充分做好照片处理的前期准备工作，然后详细讲解各种处理方法的具体应用。

《数码摄影后期处理宝典》内容完全在调研读者需求基础上组织的，主要包括如何做好处理数码照片的前期准备工作；数码照片后期处理基础知识；美化人像技法；美化风景照片技法；数码照片艺术处理方法与技巧；数码照片的管理方法。

《数码摄影后期处理宝典》言简意赅，文字通俗易懂。无论是文字还是照片，都经过细细揣摩与精心挑选，所列举的示例也是最常用和最实用的。

《数码摄影后期处理宝典》结构清晰，图文并茂，能让读者用最短的时间掌握数码照片后期制作的方法与技巧。

《数码摄影后期处理宝典》配有光盘，详细记录书中的操作步骤，方便读者模仿练习，做到举一反三，灵活运用。

《数码摄影后期处理宝典》适合各个层次摄影爱好者阅读学习。

前言
PREFACE

随着数码时代的到来，加上影像软件的推波助澜，在社会上形成一股"自己的照片自己修"的风气。

照片后期处理能解决什么问题呢？构图不合适，曝光不合理，照片有瑕疵，想为照片添加说明文字，照片色彩暗淡，照片拼接合成，制作艺术照片，制作电子相册……读者朋友可以想一想，这些是不是都是自己想解决的问题？做这些事的时候是不是很享受生活？做成之后是不是很有成就感？

当下的摄影爱好者都应该会使用Photoshop修改自己的照片，因为别人不一定能理解自己的拍摄意图，做出来的后期效果不是自己想要的，所以最好的办法就是自己处理。

目前市面上已经有许多编修照片的相关书籍，它们总是强调编修是一件多么简单的事情，只要依照步骤填入数值就能修好照片。但也常听到一些截然相反的反应：跟着步骤是能将书中的示例照片修好，但是按照这些步骤修正自己的照片就不灵验了，例如编修出来的照片根本不是自己想要的。为什么呢？原因就是有些书为了要求快，营造了简单的假象，也许它上一步到下一步之间省略了一些步骤，没有写出来。还有一个重要原因，就是读者自己的照片与书上给的示例照片在曝光与色彩上相差很大，在修正时若还按照书上给的数值进行调整，那么调出来的照片当然就不对劲了。

《数码摄影后期处理宝典》就解决了上述问题，不仅详细给出示例照片修正的详细步骤，还教会读者如何举一反三，输入这样的数值是这个效果，若再输入其他数值就是另外一个效果，有对比才能更灵活地掌握技巧。

《数码摄影后期处理宝典》涉及的范围比较广，有针对照片前期处理工作的介绍，照片管理方法，风景照片、人像照片、商业照片等方面的修正，图文并茂，条理清晰，非常实用。

拿起《数码摄影后期处理宝典》吧，我们一起来享受摄影的快乐！

目录
CONTENTS

03 美化人像照片技法

05 数码照片艺术化处理

04 美化风景照片技法

06 数码照片的管理

01

处理数码照片的前期准备工作

　　对于摄影本身而言，它是一种可深可浅的活动，它既可到此一游做留念，又可休闲健身锻炼身体；既可投稿参赛，也可制作成画册挂历；它不但可以拍摄国家高层领导，也可以记录社会底层的乞丐或行人。但是，不管摄影的初衷和目的有多不同，不管手中的相机高低档次差别有多大，摄影这个过程总是让人快乐的。

1.1　将照片导入计算机

图像编辑的第一步就是如何将所拍摄的照片从相机保存至计算机，一般情况下有以下几种方法：

方法1：直接使用数据线把照片从相机保存至计算机。

方法2：使用读卡器把照片从存储卡中保存至计算机。

方法3：使用转接适配器直接读取存储卡上的照片。

方法4：使用彩信、蓝牙或无线网络等无线传输方式。

一般最常用的是直接使用数据线或读卡器将照片保存至计算机。

1.1.1　使用数据线将照片从相机保存至计算机

很多摄影师都会选择这种方法来将照片传输至计算机中。大部分数码相机都可以无需读卡器或适配器就直接导出图像数据。但是，必须把相机调到数据传输挡。传输过程是需要耗电的，尽管耗电量不大，但是，在某些不方便充电的情况下还是建议不采用该方法。

数码相机的数据线

1.1.2　使用读卡器或存储卡适配器把照片从相机保存至计算机

早期的读卡器仅仅只能支持一种存储卡，而现在市面上的读卡器能够读取超过20种不同类型的存储卡。存储卡适配器通常可以直接插在计算机插槽上，大部分使用PCMCIA插槽，价格一般在100元人民币左右。现在的大部分笔记本计算机都配备了内置的SD卡读卡器或多合一读卡器。

CF卡适配器价格非常便宜，适用于在笔记本计算机上使用CF卡。这类适配器可以直接安装在笔记本计算机的PC卡插槽内，不占用过多的空间，非常适合外出时携带。

目前市面上很多品牌的计算机都集成了读卡器，因此也就不需要购买额外的读卡设备。目前很多喷墨打印机也集成了读卡器，能够支持多种存储卡。除了可以使用这一类读卡器直接打印卡中所储存的照片外，也可以将照片储存到计算机中。

读卡器

1.2　批量修改文件名

首先将所有需要进行文件名修改的文件移动到同一文件夹内，按"Ctrl+A"键，全选所有文件；将光标移到选区上方，点击鼠标右键，在右键菜单中选择"重命名"。此时，第一个文件的文件名变为可编辑状态，按照修改单个文件名的方法修改即可。例如，将文件名改为"风景照片"，在空白处点击鼠标左键后，所有的文件都会随之发生变化，依次为风景照片（1）、风景照片（2）、风景照片（3）等，瞬时实现了文件名的批量修改。

批量修改文件名

1.3　批量转换文件格式

ACDSee的图片转换功能十分强大。在ACDSee的浏览窗口选中欲转换的BMP图片，右击鼠标，选择"转换"命令或者选择"工具"→"格式转换"命令，在弹出的"图像格式转化"窗口中选择"JPG"格式，再点击"格式设置"按钮，根据需要设定压缩质量，最后点击"确定"按钮即可转换成功。

选择"批量"→"转换文件格式"

选择所需要转换的格式

3

1.4　格式化存储卡

　　新买来的存储卡，或是原本用于其他相机的存储卡，应先进行格式化后再开始用于拍摄。另外，需要注意的是，一旦格式化存储卡，那么卡里所有的资料都会被删除掉。所以，在格式化存储卡之前务必要将重要的照片复制出来，以免丢失重要图像。

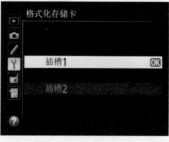

从"格式化存储卡"里选择"是"，即可清空存储卡上的所有资料。若选择"否"，就退出格式化命令。有些相机有两个插槽，有些相机只有一个插槽，但是操作方法除了选择插槽外，基本一致

1.5　分辨率的设定

　　分辨率的设定决定一幅图像中像素的数量。像素是图像元素的简称，是一些极小的色彩方块，数字图像由它构成。在我们用数码单反相机拍摄图像的时候，有多个分辨率可供选择，能够满足不同的存储容量与拍摄后冲印的需求。通常的做法是，将分辨率设定到相机允许的最高值，以便尽可能得到品质最好、尺寸最大的照片。较大的图像也有利于后期的处理和修改。但是，假如只打算在计算机上浏览或打印不太大的照片，就不必总要用最高的分辨率。选择较低的图像分辨率，不仅有利于相机内的存储卡存放更多的图像，当使用计算机编辑这些图像时也会更加快捷方便，计算机硬盘或可移动存储介质也能节省空间。因此，影像尺寸设定的大小主要取决于我们日常的应用，以及相机内的存储设备有多大。

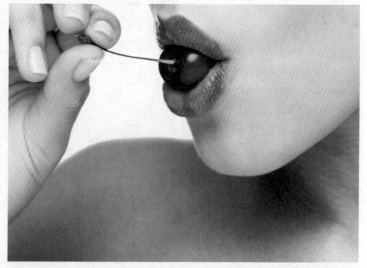

分辨率高的照片，可以用来做大的海报，并且不用担心放大后的海报会模糊

📷 光圈：F11　快门速度：1/120s　焦距：55mm　感光度：ISO 100

1.6 数码相机的图像品质

在"图像品质"中，可以指定所拍摄照片画质的优劣，主要分为NEF（RAW）与JPEG两种图像格式。其中JPEG还能够依照压缩品质的高低，再区分为JPEG精细（FINE）、JPEG标准（NORMAL）以及JPEG基本（BASIC）。JPEG精细的图像品质最高，但所占用的空间比较大；反之，JPEG基本的图像品质稍降，但是所占用的空间能够缩小许多。

由于目前存储卡的容量都比较大，选择JPEG格式时若无特别需求，建议设置为JPEG精细。除非是存储卡容量快满了，还有不少照片需要拍摄，才会退而求其次，选择JPEG标准或是JPEG基本格式。

至于RAW格式的文件，后期处理时的弹性很大，但相对的，文件容量也很大，用户可以根据需要以及存储卡容量来决定是否要以这个格式来进行拍摄。如果存储卡的容量充足，甚至可以同时储存RAW和JPEG格式的文件。

若要设定图像品质，除了进入设置菜单外，还可以按下QUAL按钮并旋转主指令拨盘，直至控制面板中显示所需设定。

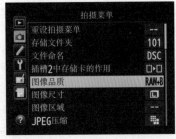

从"拍摄菜单"中选择"图像品质"，然后加亮显示自己所需要的文件的存储格式即可

储存为RAW格式更利于后期的制作，为照片的二次创作提供了良好的空间

光圈：F11　快门速度：1/120s　焦距：50mm　感光度：ISO 100

选 项	文件类型	说 明
NEF(RAW)	NEF	RAW格式记录了照片的原始资料，没有经过任何参数设置，需要用专门的软件。例如Capture NX2才能够开启或是编辑。RAW格式文件在后期处理时的弹性很大，能够调整白平衡、曝光值等设置
JPEG精细	JPEG	JPEG会以压缩文件的方式存储拍摄的资料，压缩率从高到低分为基本（BASIC）、标准（NORMAL）、精细（FINE）。压缩率越低画质就越好，但是文件量也会相对越大，占据存储媒介空间就会越多。特别需要注意的是，JPEG格式的文件一旦进行后期处理，就会破坏画质。如果是非常在乎画质的用户，那么需要避免进行过多的后期处理
JPEG标准		
JPEG基本		
NEF(RAW)+JPEG精细	NEF+JPEG	这个设置会同时记录下RAW以及JPEG格式的文件。选择此选项，具有两个优点：1.可以使用RAW格式的文件进行后期处理；2.同时记录下来的JPEG格式的文件能够作为文件的备份，也能够便于用户在电脑上查看
NEF(RAW)+JPEG标准		
NEF(RAW)+JPEG基本		

　　了解了关于画质的一些内容之后，或许读者会问了，对这些拍摄格式到底该如何选择呢？别着急，关于静态的图像拍摄，笔者有以下几点建议：

1.在拍摄JPEG格式的图像时，精品画质优先

　　现在，主流品牌厂商所生产出的存储卡容量都是很大的，所以在拍摄JPEG格式的图像时，建议优先选择"精细品质"这个选项。除非存储器容量不够，或是需要进行快速连拍，才退而求其次，选择"标准品质"。

2.如果想要进行后期处理，RAW格式优先选

　　在前面就说到了，RAW格式的图像后期处理时的弹性非常大，所以，如果是有后期处理需求的用户，建议优先选择RAW格式来进行拍摄。

3.兼顾RAW和JPEG的优点

　　RAW格式可以承受大幅度的后期处理而不会降低图像的品质，但是，需要使用专门的软件进行处理后才能打开；JPEG图像虽然能够随意打开，但是，后期处理上比较薄弱，所以，最好的方法就是选择RAW+JPEG格式来拍摄照片，一次得到两种格式的文件，也在无形之中帮助用户节省了很多精力。

4.有连拍需求，JPEG格式更合适

　　如果选择RAW或是RAW+JPEG的设置，因为文件量过大，存储时间也相对较长，就会降低连拍的速度。因此，如果有高速连拍的需求，建议优先考虑JPEG格式的图像。先使用精细设置来拍摄，如果达不到期望的连拍速度，再改用标准模式。

原始图像，比较不同压缩率条件对于画质的影响

📷 光圈：F2.8 快门速度：1/120s 焦距：70mm 感光度：ISO 100

从示例图中能够清楚地看到，压缩率比较高的JPEG普通，在原本该平滑过渡的地方出现了很明显的锯齿化现象，而JPEG精细的图像画质非常细腻漂亮

表格中，简单地整理出了在不同图像品质的设置下，使用8GB存储卡能够拍摄的照片的数量，供参考。在这里需要注意的是，依据不同的拍摄设置，可拍摄的张数差异较大。

图像品质	文件大小	可拍摄张数
NEF（RAW）+JPEG精细	约23.9MB	约244张
NEF（RAW）+JPEG标准	约20.4MB	约285张
NEF（RAW）+JPEG普通	约18.3MB	约311张
NEF（RAW）	约16.4MB	约343张
JPEG精细	约7.1MB	约844张
JPEG标准	约3.9MB	约1 600张
JPEG普通	约1.8MB	约3 300张

拍摄一般的小景图时，可以不用选择太大的储存格式

📷 光圈：F4　快门速度：1/120s　焦距：100mm　感光度：ISO 100

1.7 图像基本知识

有些格式的图像只能在Photoshop CS6中打开、修改并保存，而不能存储为其他格式。

1.7.1 图像格式

在计算机绘图中，不同的软件所保存的图像格式是不同的，不同的图像格式有不同的优缺点。Photoshop CS6能够支持20多种格式的图像，因此，利用Photoshop CS6可以打开不同格式的图像进行编辑和保存，还可以根据绘图的需要将图像存储为其他格式。

1.7.2 图像类型

以数字方式来记录、处理和保存的图像分为两大类，即矢量图像和位图图像。在绘图与图像处理的过程中，往往需要将这两种类型的图像交叉使用，两者各自的优点恰好可以弥补对方的缺点，从而使作品更加完善。

1.矢量图像

矢量图像是以数学方程描述的方式来记录图像内容的。矢量图像的内容以线条和色块为主，因此，文件所占的存储空间较小。由于矢量图像与分辨率无关，因此很容易进行放大、缩小和旋转等操作，而且不会失真，可以用来制作3D图像。在对图像进行显示或打印时，也不会损失细节。但是，这种图像有一个缺点，即不易制作色调丰富或色彩变化太多的图像，而且绘制出来的图形不是很逼真，它不能像照片一样精确地描述自然景观，也不易在不同的软件之间交换文件。

制作矢量图像的软件有FreeHand、Illustrator、CorelDRAW和AutoCAD等。工程绘图与美工插图大多在矢量图像处理软件中进行。

2.位图图像

位图图像是由许多点组成的，这些点称为像素（pixel）。位图图像弥补了矢量图像的缺点，可以逼真地表现自然界的景观，同时能够制作出颜色和色调变化丰富的图像，也可以很容易地在不同软件间进行文件交换。由于位图图像与分辨率有关，因此，它无法制作3D图像，并且在图像缩放和旋转时会失真，文件也较大，对内存和硬盘存储空间的要求也较高。

在保存位图图像文件时，需要记录每一个像素的位置和色彩数值，因此，像素越多，分辨率越高，文件也就越大，处理速度就越慢。由于它能够记录每一个点的数据信息，因此，可以精确地记录色调丰富的图像，能够制作出逼真地表现自然界的图像。

Adobe Photoshop属于位图图像处理软件，它保存的图像都是位图图像，但是它能够与其他矢量图像处理软件交换文件，而且可以打开矢量图像。在制作Photoshop图像时，像素越多，图像就越逼真。每一个像素或色彩所使用位的数量决定了它可能表现出的色彩范围。通常使用的颜色有16色、256色、增强色16位和真彩色24位。一般所讲的真彩色是指24位（$2^8 \times 2^8 \times 2^8 = 2^{24}$）。制作位图图像的软件有Adobe Photoshop、Corel PHOTO-PAINT、Ulead PhotoImpact、Design Painter等。

1.7.3 分辨率

分辨率是指在单位长度内所含的点，即像素的多少。它可以分为图像分辨率、屏幕分辨率、输出分辨率、设备分辨率和位分辨率5种类型。

图像分辨率是指每英寸图像中含有多少个点或像素，分辨率的单位是点／英寸（dpi），在Photoshop CS6中也可以用厘米（cm）为长度单位来计算分辨率。以厘米为长度单位来计算比以英寸为长度单位来计算的数值要小得多。一般情况下，若没有特别指明，所有分辨率都以dpi为单位。

高像素

图像尺寸的大小、图像的分辨率和图像文件的大小这三者之间有很密切的关系。分辨率相同的图像，如果尺寸不同，它的文件大小也不同。尺寸越大，所保存的文件也就越大。同样，增加一幅图像的分辨率也会使图像文件变大。

在数字化图像中，分辨率的大小直接影响图像的品质。分辨率越高，图像越清晰，文件也就越大，在工作中所需要的内存和CPU处理时间也就越多。因此，在制作图像时，只有为不同品质的图像设置不同的分辨率，才能经济有效地制作出成品。

低像素

屏幕分辨率又称屏幕频率，它是指打印灰度级图像或分色所用的网屏上每英寸的点数，是用每英寸上有多少点来测量的，其单位是dpi。屏幕分辨率取决于显示器的大小及其像素的设置。

输出分辨率是指激光打印机等输出设备在输出图像时每英寸上所产生的点数。大多数激光打印机的输出分辨率为300～600 dpi，当图像分辨率为72～150 dpi时，其打印效果一般。

1.8 图像尺寸

"图像尺寸"参数是个比较基本的参数，它决定着JPEG图像的尺寸大小。

"图像尺寸"参数决定JPEG格式图像的尺寸，选项分别有大（L）、中（M）以及小（S）这三种。

图像的尺寸越大，文件的大小也会越大，并且文件的用途也会更广泛一些。如果需要大尺寸输出，大约在A3纸以上的话，就一定要使用大尺寸的文件才行。

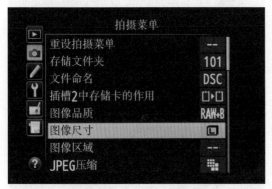 

从"图像尺寸"选项中能够看到3个不同的选项，不同的选项代表了不同的图像尺寸，各尺寸的具体数值和像素则会显示在下方

1.8.1 图像尺寸与打印尺寸的关系

图像尺寸越大，记录的像素就会越高，可捕捉的细节自然也就会越多，在打印或是输出时，就能够有足够的分辨率来打印出A3以上的大尺寸成品。

A4大小：小（S）尺寸的图像

A3大小：中（M）尺寸的图像

A2大小：大（L）尺寸（含RAW）的图像

大尺寸：任何裁切都能胜任的高分辨率

图像的尺寸越大，则分辨率越高，打印也就更加精细；并且，即使是在拍摄后想要大幅度地进行裁切或重新构图，都能够表现得游刃有余，图像依然保持丰富的细节与层次感，画质依旧细腻、漂亮，就像重新拍摄的一样

📷 光圈：F16　快门速度：1/60s

　　焦距：100mm　感光度：ISO 100

裁切后的照片

如果同时拍摄了RAW以及JPEG格式的图像之后会发现，JPEG图像能够观看，而RAW格式的图像无法浏览。事实上，RAW取的是其字面的意思，也就是"未经处理过"的格式。想要正常浏览这种格式，需要Nikon相机随附件于光盘中的ViewNX2软件，才能够打开、编辑以及浏览。

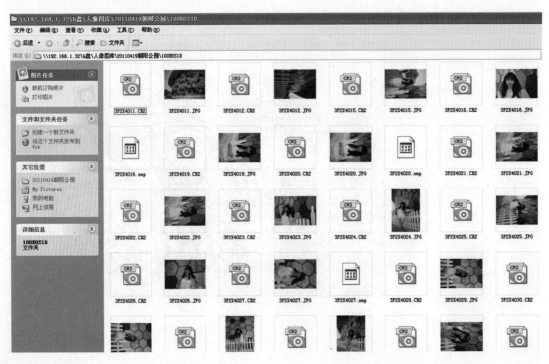

1.8.2 拍摄的RAW格式图像看上去没有JPEG格式图像漂亮好看?

很多人在拍摄过RAW格式的照片之后，在计算机上回放会觉得RAW格式的图像比JPEG的图像"逊色"。原因在于，RAW格式的图像只会记录拍摄现场的一切曝光信息，并不会像JPEG图像那样，套用各种相机上的拍摄参数设置。例如，照片风格、白平衡、色调饱和度等，所以在计算机上回放时，会觉得这幅图像很平淡，一点都不好看，甚至要比JPEG格式的图像差了很多。

但是，正是因为RAW格式的图像已经把所有的拍摄信息都完全的保留了下来，所以，只要对RAW格式的图像进行恰当的后期处理，就能够真实地还原出拍摄者当时看到的美丽景象。

未经处理过的RAW格式图像

经过处理过的RAW格式图像，无失真的后期处理能力是RAW图像最大的魅力所在

📷 光圈：F4　快门速度：1/320s　焦距：45mm　感光度：ISO 100

1.8.3 选择"图像尺寸"的诀窍

选择图像尺寸的原则其实很简单，就是尺寸越大越好。

图像尺寸越大，图像的用途也就会越广。例如，使用大（L）尺寸来拍，图像最后输出成A3以上的大图，或者是缩小作为网页的背景图都完全能够胜任；但是，如果选择了小

（S）尺寸来拍的话，以后可能会很难输出尺寸在A3以上的大图（图像品质不佳），图像的用途就会很大程度地受到限制。

此外，对于JPEG格式的图像而言，选择越大的尺寸拍摄，图像的画质也会越好。这是因为相机的感光元件尺寸就是L（4：3）。换个说法就是，相机拍摄的每一张图像，事实上都是L尺寸的。所以，如果选择M或者是S尺寸来拍的话，那么相机必须要再经过一道处理工序来缩减尺寸，而画质就是其中最受影响的一部分。

1.8.4　+NEF（RAW）

对于习惯了使用JPEG格式拍摄的用户来说，这个功能是个非常便捷的切换功能。

即使是在平常都只是使用JPEG格式进行拍摄的用户，只要在"Fn"按钮中设置成+NEF（RAW）选项，就能够轻松地在JPEG与RAW格式之间来回转换，并且最终拍摄的图像会是RAW+JPEG格式的图像。

当拍摄场景过于复杂，无法立即测出该如何设置曝光、白平衡、照片风格等参数时，就可以暂时使用RAW格式进行存储，以便在后期处理图像时获得最大的调整空间。

设置此功能之后，只要在拍摄时按下对应的按钮，也就是"Fn"按钮，机身液晶面板上就会出现"RAW"的字样，接下来每次按下快门，都会额外存储一个RAW格式的图像。想取消此项功能也很简单，只要再次按下"Fn"按钮即可。

按下MENU按钮，从自定义设定菜单中分别选择F控制以及指定Fn按钮选项，并将选项设置为+NEF(RAW)之后，按下OK按钮以确认选择结果

RAW格式的照片未经压缩，所呈现的画面色彩还原真实，画质也非常细腻

📷 光圈：F22　快门速度：1/320s　焦距：24mm　感光度：ISO 100

1.9 存储文件夹

　　"存储文件夹"是一个指定拍摄图像存储目录的功能，利用这个功能，能够很方便地整理照片。

　　在"存储文件夹"功能项里，除了可查看目前存放照片的目录名称之外，还有另一项功能，那就是可以指定任一文件夹来存储拍摄的图像。另外，在存储时建议依照日期、主题或是场所等来指派不同的文件夹，这样做不仅能够快速将图像进行分类，也有助于日后快速地整理图像。

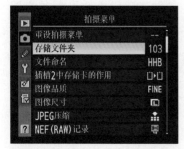
01 从"拍摄菜单"中选择"存储文件夹"

02 在这里有两个选项，分别是"按编号选择文件夹"以及"从列表中选择文件夹"。

03 按照编号选择文件夹

04 不喜欢使用编号选择文件夹的用户还能够直接在列表中选择文件夹

05 从列表中选择文件夹会更加直观一些

06 重新命名能够为已经有的文件夹改换名称

07 改换的名称仅限英文与数字

1.10　数字技术的运用

　　当摄影走进信息时代，当数字技术应用到摄影领域后，我们发现数字技术在商业摄影，艺术摄影，报纸、杂志、新闻等摄影领域中有着广阔的发展前景。数字技术开阔了摄影者的创作理念，使得摄影者能够将心中无限的想象转变成可见的影像，同时它的方便快捷更是在时间上赢得先机。另外，

数码影像的后期制作能够更好地发挥摄影者的主观创作力，把摄影者的创意具象化，形成新的摄影语言。

　　在传统的胶片时代，我们拍摄后的照片往往需要通过后期暗房的遮挡曝光、显影、定影等制作手法去改变一部分图片的影像。而今，数字图像的问世，又将摄影

和计算机完美地结合起来。自上世纪90年代以来，计算机技术有了突飞猛进的发展，在硬件和软件的巨大支持下，数字技术在影像上的运用发展之快令人瞠目结舌。图像处理技术作为重要的创作手段为数码影像的创新与丰富提供了可能。

1.10.1　图像处理软件Photoshop

　　Photoshop是Adobe公司旗下最为出名的图像处理软件之一，是集图像扫描、编辑修改、图像制作、广告创意、图像输入与输出于一体的图形图像处理软件，也是摄影后期中最常用、最方便的图像处理软件。它能够进行图片的大小、色彩、亮度、饱和度等多方面的调节和处理，同时它还可以对拍摄后的数字图片进行整合、删减等二次创作，从而得到一张自己认为满意的图片。

　　除了以上的几个图像处理功能外，Photoshop还可以通过滤镜效果对图像进行处理，以实现图像的模糊、锐化、扭曲、斜切、素描、木刻、水彩等类似传统滤镜的效果。另外，Photoshop软件还有许多外挂滤镜效果，满足更多用户的不同需求。

　　在工具栏中还有选区、仿制图章、画笔、橡皮擦、修补工具、钢笔、吸管、渐变、模糊、锐化、减淡、加深等工具，来辅助我们调整、修改图像。

phtotshop中可以通过"文件"下拉菜单的"打开"命令，从磁盘或数码相机中引入数码图像文件。也可以通过双击面版或快捷键等方式打开图片

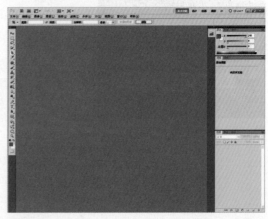

phtotshop软件打开后的界面，左边为工具栏，右边为窗口面板

图像的剪裁是利用photoshop中工具栏里的剪裁工具进行长宽比例和旋转角度可控的矩形剪裁

图像大小可以通过调整图像的分辨率或者边长更改

图像的调整包括色彩平衡、亮度对比、色相、饱和度等的调整

存储图像，可以根据需要，选择存储文件的格式和精度。JPEG格式是最常用的图像文件存储格式，可以设置0~12的不同精度

处理前

处理后

1.10.2　看图软件ACDSee

ACDSee是目前最为常用的图像处理软件，广泛应用于图片的获取、管理、浏览、优化等。ACDSee可以从数码相机和扫描仪中高效获取图片，同时可以进行便捷的查找、组织和预览。超过50种常用多媒体格式文件都可以使用它进行操作。

使用ACDSee还可以快速、高质量地显示图片，再配以内置的音频播放器，就可以享用播放出来的精彩幻灯片。此外，ACDSee也可以简单地对图像进行编辑，拥有去除红眼、剪切图像、锐化、浮雕特效、曝光调整等功能，还能进行批量处理。

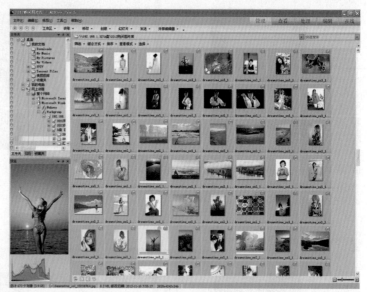

使用ACDSee观看照片

1.10.3　数码文件处理软件nEO iMAGING

nEO iMAGING即光影魔术手，该软件特别适合对数码相机拍摄的图像进行处理，除大多数图像处理软件都具有的功能外，该软件还能够快速地对数码图像进行曝光补正、白平衡调整、逆光条件下的补光，还能够模仿反转片的拍摄效果、模仿正片负冲的效果、制作成黑白片或者老照片的效果。另外，还能针对相机使用时间过久而出现的死点进行有效修复。

正片效果：模拟反转片的效果，令照片反差更鲜明，色彩更亮丽。

正片负冲：模拟反转负冲的效果，色彩诡异而新奇。

黑白效果：模拟多类黑白胶片的效果，在反差、对比方面，和数码相片完全不同。

数码补光：对曝光不足的部位进行后期补光，易用、智能，过渡自然。

一指键白平衡：修正数码照片的色彩偏差，还原自然色彩，可以手工微调，效果明显。

褪色旧相：模仿老照片的效果，色彩黯淡，怀旧情调。

负片效果：模拟负片的高宽容度，增加相片的包容度。

晚霞渲染：对天空、朝霞、晚霞类明暗跨度较大的相片有特效，色彩艳丽，过渡自然。

夜景抑噪：对夜景、大面积暗部的相片进行抑噪处理，去噪效果显著，且不影响锐度。

死点修补：对CCD或CMOS上有死点的相机，一次设定以后，就可以修补它拍摄的所有照片的死点，极为方便有效。

正片效果   模拟旧照片

1.10.4　接片专用软件Panorama Maker

　　Panorama　Maker是一种接片专用软件，使用它可以对多个数字文件进行拼接。拼接的方式有：水平、垂直、360°、平铺等。利用它可以把多张照片组合成一张照片，实现超长或者超高的画幅，以适应特殊对象的拍摄需要。如拍摄广阔的草原，我们就可以通过多张照片水平拼接实现全视野的展示。

接片后的照片视野非常宽广

1.11 使用RAW格式处理图像

原图

01 打开Photoshop CS6操作界面，导入RAW素材文件。使用Camera Raw打开的图像如图所示。

02 在"基本"选项组中，参数设置如图所示，点击"打开"按钮。

03 读取Camera Raw格式图像，得到的图像效果如图所示。

04 为了让图片富有层次感，添加一个"色彩平衡"调整图层：单击"图层"面板的"创建新的填充或调整图层"按钮，执行"色彩平衡"命令，弹出"色彩平衡"对话框，在对话框中对各参数如图所示设置，然后点击"确定"按钮。

05 按下"Ctrl+J"组合键复制"背景"图层，得到"图层1"的图层，如图所示。

06 得到如图所示图片。

07 为了让图片的明暗对比更加强烈，再添加一个"亮度/对比度"调整图层：单击"图层"面板的"创建新的填充或调整图层"按钮，执行"亮度/对比度"命令，弹出"亮度/对比度"对话框；在对话框中对各参数按如图所示设置，然后点击"确定"按钮。

08 得到最终图片。

1.12 使用Nikon Capture NX 处理图像

Nikon Capture NX是为数码摄影师专门设计的一款功能强大的图像编辑和处理软件。其简单、直接的用户界面使图像编辑变得更加简单，独有的基于U Point的图像编辑技术提供了一个完全无损的工作流程。目前，最新的版本是Nikon Capture NX 2 3.0.2。

处理前   处理后

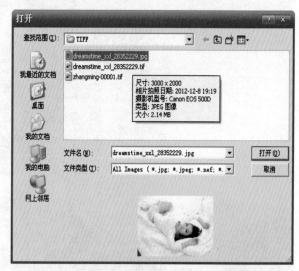

01 在Nikon Capture NX 操作界面内，执行"文件"→"打开图像"命令。

02 选定素材文件，并单击"打开"按钮。

03 得到的画面如图所示。

04 在"快速修正"面板中对画面进行初步
   的调整，提升人物身上的亮度。

05 单击"相机和镜头调整"，对画面进行
   适当的矫正，并设置如图所示参数。

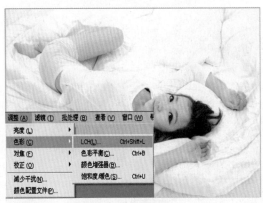

06 执行"调整"→"色彩"→"LCH"命
   令，可以对画面的主亮度进行适当调整。

07 在控制面板中调整如图所示参数，并查
   看画面效果直至最佳。

08 执行"滤镜"→"彩色化"命令，可以
   为画面添加滤镜效果。

09 在"彩色化"选项中设置其他参数设置如图所示。

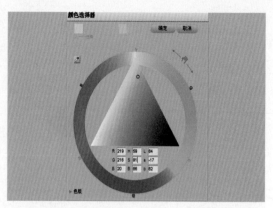

10 在弹出的对话框中选择合适的颜色，并进行参数设置，设置完成后单击"确定"按钮。

11 在不透明度对话框中设置合适的不透明度，直至画面效果最佳。

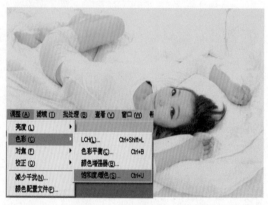

12 执行"调整"→"色彩"→"饱和度/暖色"命令，可以对画面的饱和度/暖色效果进行调整，并查看画面效果。

13 执行"调整"→"对焦"→"遮色片锐利化调整"命令。

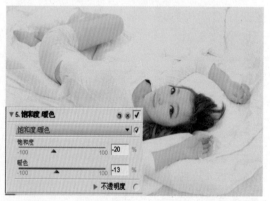

14 再次对"饱和度"→"暖色"进行细微调整，得到最终画面效果。

1.13 使用佳能Digital Photo Professional处理图像

Digital Photo Professional（DPP）是佳能推出的专业RAW 处理软件，如今已经发展到3.11.26 版。下面结合DPP 的最新版本为大家介绍RAW 文件的处理流程。

DPP 软件采用类似Windows 资源管理器和Mac 的Finder 管理器类似的界面，软件左边为文件目录树结构，右边为所选择目录下的图片缩略图。软件上方为工具栏，首先选择需要处理的图像，点击左侧的"编辑图像窗口"按钮。进入图片编辑界面，中央为当前正在编辑的图像，左边为当前参与编辑的图像，右侧为编辑工具标签。囿于篇幅所限，这里主要介绍一些特色功能。

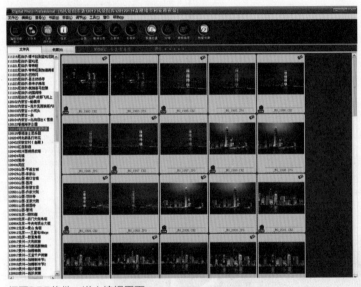

打开DPP软件，进入编辑界面。

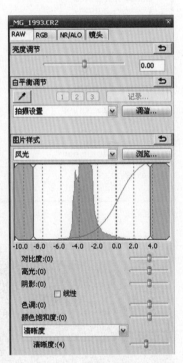

DPP提供了丰富的编辑选项

（1）高光阴影功能可以调整图像的宽容度，其中高光选项可调整画面中明亮的高光部分，阴影可调整画面中的暗部，分别调整这两项即可实现压暗高光和提升暗部细节的效果。

（2）与镜头相关的处理选项——"镜头数据更新"。开启其他镜头优化功能前，需要先更新镜头数据，佳能针对自己的镜头成像特点和不足，为很多镜头设计了镜头配置文件，摄影者可以根据自己的镜头选择下载。

选择镜头数据

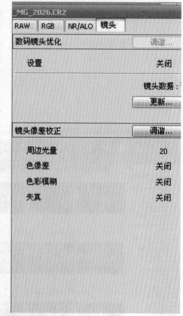

数码镜头优化

镜头优化可以消除色差并加强图像清晰度

(3) 合成功能。首先，选择需要合成的两张图片，点击菜单中的"工具"选择"启动合成工具选项"，开启图片合成工具。可以选择不同的前景图像用来合成，根据需要选择不同的合成方法。可以通过左侧实时预览合成效果。图片前景、背景比例可以通过权重选项调整。

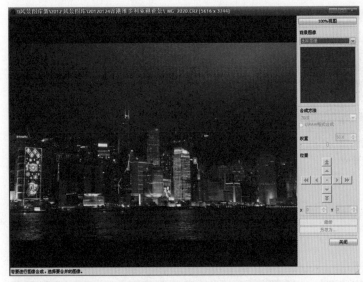

在"工具"菜单下选择"启动合成工具"功能。

启动合成工具功能

使用DPP软件合成的图像

（4）DPP的另一个新功能是HDR合成功能。首先，选择3张不同曝光度的图像，选择启动HDR。在HDR的合成界面中，可以选择不同的预设合成效果。如果对预设效果不满意，还可以针对色彩细节等选项进行详细调整。

在"工具"菜单下选择"启动HDR工具"功能

选择要进行HDR合成的图像

在进行HDR合成时，也可以针对图像的细节进行调整

02

后期制作的基础

　　Photoshop如果设定得顺手，那么使用起来就会方便，工作起来效率也就会提高。本章就来详解它的一些基本设定。

2.1　调整色阶改变照片的亮度

在Photoshop中调整画面的亮度工具很多，例如色阶、曲线、明度、对比度等。只有先了解了它们各自的特色，才能够更好地运用它们来制作自己需要的画面效果。其中色阶与曲线是后期制作中常用的方法，下面重点讲解下。

2.1.1　通过色阶分布图确认色阶分布

可以通过色阶分布图来确认影像的色调分布状况，并配合咨询面板的参数来进一步观察，如图所示。

色阶分布图的横轴为0～255的数值，表示亮度，左端为黑，右端为白。此外，纵轴表示像素，可以将其想象为面积。如图中的色阶分布图，右边没有山形，所以可以知道这是一张没有亮部的影像。

还可以根据色阶分布图的分布状况与山的形态来确认影像的丰满度，如图所示。

色阶也能显示红、绿、蓝各色板的分布状况

即使是同一张照片，拍照时或RAW处理时的设定不同，呈现的效果也会差别很大。以色阶分布图对比影像就能知道差异，如图所示。

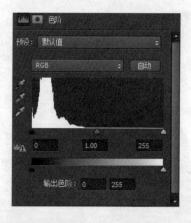

通过查看色阶分布能够掌握影像信息，这在后期制作中是非常重要的。虽然不用一直显示，但是作图前先了解下还是有必要的

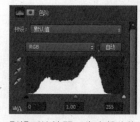
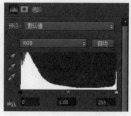
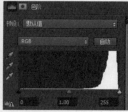

影像对比较弱（中央部分的信息较多，两侧信息少）　　影像对比较强（中央部分的信息较少，两侧信息多）　　影像的阴影不够黑（没有至左端的信息）　　影像亮部不够白（没有至右端的信息）

原图。由亮至暗表现出宽广的阶调，也没有过多的死白，影像曝光准确

阴影部分信息较少，信息多集中在色阶图的中央部分，所以该影像的对比度较低，画面柔和，是软调

中央部分信息较少，两侧部分信息较多，所以该影像的对比度较高，属于硬调影像

亮部没有阴影信息，整体看来比较没有生气，给人一种阴天的感觉。白色的服装看起来也不够白。虽然看起来软调，但是缺乏立体感

没有阴影信息，整体看起来浮动。头发看起来没有重量，不利于头发质感的表现，整体显得轻浮

2.1.2 利用色阶修正影像

利用色阶（影像—调整—色阶）功能，能够一面确认色阶分布图，一面调整阴影、亮部、中间调的明度。曲线虽然也能进行类似的作业，但是建议以色阶调整明度，以曲线调整对比度，分开执行效果会更好。

色阶能够调整整体的明亮、阴影的深度、亮部的状况。这是照片最后呈现阶段的基础作业。尤其是原始图像曝光不准确或不好看时，这是十分有用的工具。首先确认影像的最暗点与最亮点，确认是否有必要调整阴影或亮部。若照片缺乏立体感或纵深感，很大的原因是因为动态范围狭窄，必须调整。此时就能决定影像的整体感觉，如软调、硬调、中间调、明调、暗调等。

1.色阶调整——加强亮部、阴影

缺乏纵深、立体感的风景照片，可以利用色阶进行有效的修复。一般情况下仅利用色阶就能让平凡的风景照得到大大的改善，从而让人眼前一亮。调整时需要同时确认亮部、暗部和阴影。亮部容易遗失，如图所示。

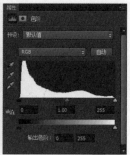

该图为原图。画面整体阴暗，没有层次和立体感。基本的调整方法是将阴影和亮部的滑块对准山形分布的左右两端

移动滑块时，按下Alt键，就能简单地确认影像的最亮点与最暗点

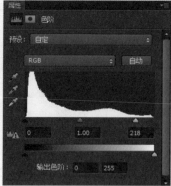

修正的状况。色阶分布图的最亮点与暗部点已各自调整到山形的左右两端。微调时要放大亮部和暗部，确定有无遗失信息

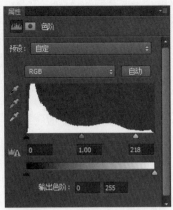

最后加强。设定亮部与阴影，确定动态范围后，接着调整中间调滑块（或数字）。现在与原图相比，亮部跳出来了，阴影也够沉，获得立体感，有清爽通透的感觉

2.色阶调整——调整过白处

无论是黑白照、色彩照，当相片有部分过白时，就会损失细节，缺乏美感。此时让亮部微微带点浓度，就能让相片这部分清楚地显现出来，如图所示。

以彩色照片为例，根据情况的不同，还可以适当地增加一点CMY值。

单色

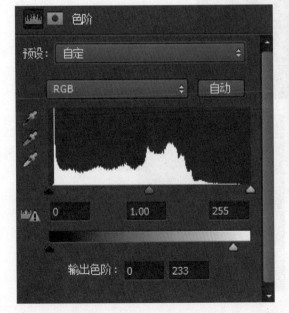

经过调整后，画面中过白的天空出现层次了

将输出色阶的最亮点向左移动，让亮部部分稍微暗一点加入浓度。一般的调整幅度为3%~5%

2.2 修改曲线改变照片曝光

利用曲线（影像—调整—曲线）功能能够调整影像的整体色调范围。从阴影到亮部的范围内，最多可以设置14个控制点分别对影像进行调整。在色阶中，仅仅只能调整3个滑块而已，所以说利用曲线功能能够更细致与方便地调整相片。

曲线除了能调整RGB亮度之外，还可以分为红、绿、蓝等各个色板来分别调整，所以便可借此来调整白平衡状况。

曲线调整影像的方法比较适合专业人士使用，它调整的幅度比色阶、亮度、对比度的功能要更细致，而

且还能在一个功能中调整亮度、色彩平衡。

一般情况下，色阶与曲线是分开使用的。它们的侧重点不同，色阶多半是用来调整动态范围，曲线则是用来细部修正与调整对比的。当然，在某些时候也可以根据需要将二者结合使用。

2.2.1 曲线的使用方法

在曲线控制面板的曲线上，能够在任意位置设定控制点。借由移动这些控制点，点和点之间的平滑曲线

便会变形。能够设定多个控制点，个别的点还能够自由地移动。

曲线两端（阴影与最亮

点）也能沿着轴移动。这两个点就相当于色阶中的阴影和最亮点。如图所示。

原始图像

加亮

在中央部分加入控制点，让中间调更亮

加深

在中央部分加入控制点，调整中间调让其更暗

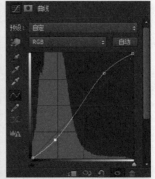

加强对比

在阴影与亮部各自加入控制点，让曲线呈现S形

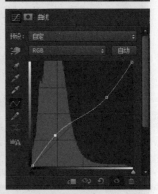

减低对比

在阴影与亮部各自加入控制点，让曲线呈现倒S形

亮部、阴影修正

调整最亮点与最暗点，让亮部跳出、暗部深沉

亮部、阴影修正

调整最亮与最暗点，让亮部与阴影浑浊

2.2.2　曲线实例

可以使用曲线提高对比度或制造透明感。在人像的后期处理中，还可以使用曲线分别调整肌肤的亮度和头发的浓度以增加质感。

点击影像内欲修正的部分，就能确认该处位于曲线上的何处。在Photoshop CS6中还能直接在影像内进行调整，处理影像非常方便。

点击肌肤与头发，确认其在曲线上的调整位置，在该处加入控制点。点数控制在最低，不要一口气加太多点

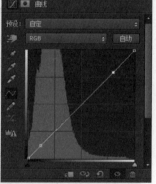

为了进一步修正，再增加控制点来微调。要删除控制点时，点击该控制点向外拖拉至图外即可

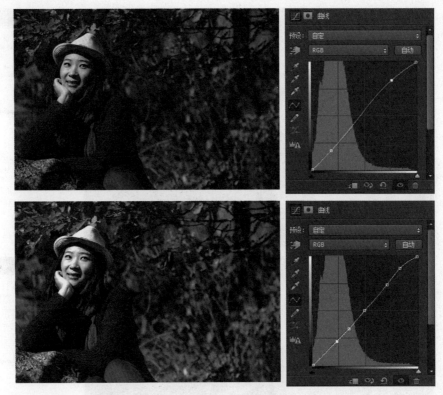

2.3 修改亮度、对比度改变照片曝光 ///////////

与色阶、曲线有同样效果的功能就是亮度、对比度（图像—调整—亮度/对比度）。在使用该功能时，如果使用的Photoshop版本是CS2之前版本，则必须要注意，调整时亮度信息分布将平行移动，所以容易让亮度与对比度看起来很怪异，画质感觉变差。若使用的是CS3之后的版本，特别是CS6，调整亮度与对比度时就会显得很自然，不会对画质有很大的影响。

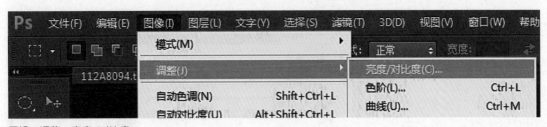

图像—调整—亮度/对比度

原图

调整亮度与对比度后

2.4 调整画面的色彩

当照片在拍摄时没有顾及到白平衡的误差，以及修正整体色调的混合状况时，会使用到该功能，如图所示。白平衡的误差一般来自日光灯、钨丝灯等环境光，使画面的整体色彩平衡状况受到这些偏绿、偏黄的光影影响而有所偏差，让画面色彩还原不准确。而色彩平衡功能几乎就是用来修正这种偏差色彩的。当然，也能用来调整色彩混合率，特意的

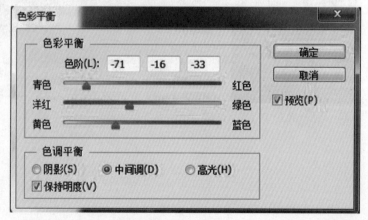

"色彩平衡"对话框。可以将滑块靠近某色以在影像中增加该色，移远某色则减少该色。各个滑块皆在互补色上滑动，修正起来比较容易掌握。还可以分为阴影、中间调、亮部来调整，但多半是在中间调中进行

改变色彩平衡，借此来营造一种个性化的色调。

在修正照片的色调时，必须先了解互补色的关系。色彩平衡的调整滑块所代表的就是互补色之间的关系。当互补色混合时，如果双方是色光，则会混成白色。以红色来说，互补色就是青色；以黄色来说，互补色便是蓝色，以此类推。了解了互补色的概念后，不用刻意去调，凭感觉就能调出自己要的色调。有些色调虽然很相似，但是是不一样的。例如，蓝色与青色，色彩间的微妙变化需要自己去感觉，很多时候是凭经验或者悟性的。

2.4.1 调整色彩平衡

当影像主体位于日光灯下，就会产生色偏，从而使色彩失去平衡，如图所示。了解互补色关系后，就能够更好地对影像进行修正。只要知道了原理，操作起来就很方便。可以多试几次，找找对色彩的感觉。

勾选"保持明度"效果

取消勾选"保持明度"效果。"保持明度"可以避免在改变色彩的同时而影响明度值，以保持影像色调平衡。特别是在修正亮部时，勾选与否的差异会十分明显。可以按照自己想要的结果来适当调整

修正前

修正后

首先让色彩平衡位于中间调，然后再来调整色彩平衡。原图的色彩偏绿，所以增加洋红来调和绿色，让照片的色彩正常一些

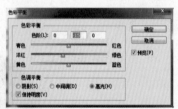

可以从背景看出上图修正后的结果，仅仅消除中间调的偏绿并不算完成。所以，将色调平衡改为高光，接着如同中间调那般修正

小知识

"色彩平衡"命令可以用来控制图像的颜色分布，使图像整体达到色彩平衡。该命令在调整图像的颜色时，根据颜色的补色原理，要减少某种颜色，就增加这种颜色的补色。"色彩平衡"命令计算速度快，适合调整较大的图像文件。

2.4.2 调整色彩平衡 渲染影像气氛

色彩平衡的功能很强大，并不只是修正色偏的工具。它能够大幅改变整体色彩混合率，用来大幅改变影像的风格，如图所示。我们可以把一张很普通的照片改变成怀旧的感觉，也可以将一张很普通的人像改变成很个性、很另类的感觉。很多时候这种色调的调整是看个人的感觉。

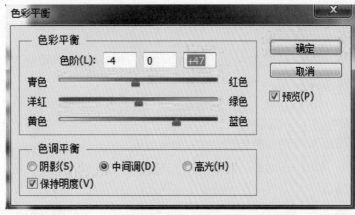

改变色彩平衡，可以尝试在影像中加入冷酷感。可以先将色调平衡改为中间调，接着调整色彩平衡，增加青色和蓝色，让画面的整体感觉偏蓝

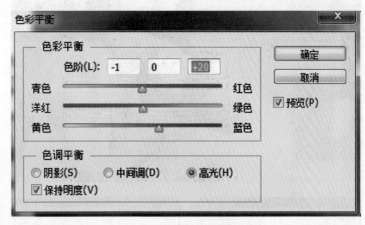

将色调平衡改为高光，与中间调一样也增加青色和蓝色，调出一种透明感的冷调，不仅让人物的皮肤变得更加细腻通透，也渲染了整个画面的冷艳气氛

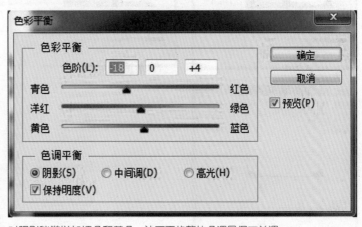

对阴影稍微增加红色和黄色，让画面的整体色调显得不单调

2.5 修改色阶改变照片曝光

利用色阶功能不仅仅能调整画面整体的亮度，还能通过调整各色板浓度来修正色调，如图所示。

在习惯使用"色阶"命令之后，会发现色阶也能够像色彩平衡那样调整。色阶和色彩平衡在相应的选项设置后能达到相同的效果。在色彩平衡的"色调平衡"选项中，就与色阶的阴影、中间调、高光是一样的调整效果。

事实上，浓度、动态范围、亮度都能以色阶一口气调整。此外，曲线也能针对各色板细微调整，可以根据自己想要的效果来进行调整。

可在色阶的"色板"中选择欲调整的色板。使用中央的中间调滑块就可以调整颜色

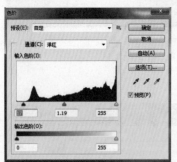

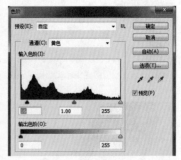

2.6 相片滤镜的妙用

该功能是模仿摄影师在相机镜头上装设的有色滤镜。摄影师透过这些滤镜来调整整体影像的色彩平衡以及色温。在数位时代，有了该功能，就能让摄影师省下不少时间与成本。

因此，对于经常使用相机的人来说，就可以运用实际滤镜的概念来使用这个功能。Photoshop CS6提供了几个颜色（如图所示），85、81、82这些数字是以往滤镜的号数。

从"照片滤镜"中的滤镜就能看到许多预设的颜色可以选用。只要选择自己想要的颜色，然后调整浓度就能调整出自己想要的效果

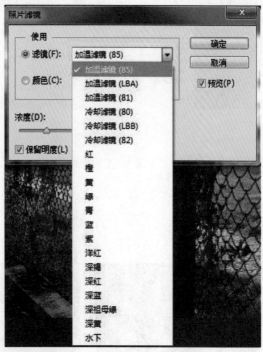

原始图像

加温滤镜

修正后

如果想要画面的效果变得更暖一点，就可以选择黄色，并将黄色的浓度调高一点，修正后的画面将呈现出很明显的暖色调。在调整时一定要勾选"保留透明度"，否则不只是色彩平衡，连亮度都会被影响

2.7 通道混和器的功能

通道混和器可以用来调整各色板的颜色平衡状况，如图所示。该功能可以调整RGB、CMYK、Lab等色彩模式的各个色板。如果对CMYK制版熟悉地掌握了，那么对该功能的使用也就如鱼得水了。这也是制作高画质灰阶影像时常会用到的工具之一。

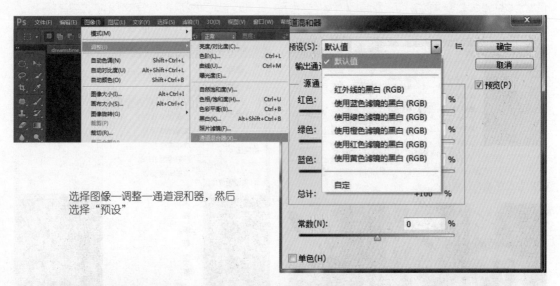

选择图像—调整—通道混和器，然后选择"预设"

原图

使用红色滤镜的黑白

使用黄色滤镜的黑白

选择"绿"通道，然后调整"绿色值"

选择"绿"通道后所得的效果图

2.8 轻松掌握色相/饱和度

使用色相/饱和度功能之后，就可以调整画面的色相/饱和度、明度。但是，最常用的还是调整饱和度，这样就可以让画面的色彩变得更鲜艳，或者抑制色彩，让画面饱和度降低，从而达到某种想要的效果。

预设的调整对象是"主档案"，可以一下子修正所有的色彩，调整整体如图所示。但是，实际上选择以"主档案"来调整色相的状况，除了极其特殊的情况，实在很少用到。

勾选"保持明度"

可适当调整"色相/饱和度"滑条上的值

2.8.1 调整色相

移动色相的滑块，就能够像旋转色相环一样来改变颜色，如图所示。除了想要特殊的色彩效果外，一般不建议使用该方式来调整画面整体的色彩。

调整色相

原图

调整色相后

2.8.2 调整饱和度

将饱和度的滑块向左移动就能降低饱和度，向右移动则能增加饱和度。需要注意的是，饱和度若过度调整，画面效果会适得其反，影像容易产生破绽，如图所示。

原图

增加饱和度之后，花瓣的细节消失了，花瓣失去了原有的色彩，非常影响美观

调整"饱和度"的数值

2.8.3　调整明度

不仅能修正中间调明度，还能让明度整体分布平行移动。因此，调整结果会很不自然。需调整明度，建议使用色阶或者曲线功能。

2.8.4　调整着色

勾选"着色"后，将会让整体颜色信息中的色相和饱和度统一，而各像素的明度值不会改变。可以在RGB的灰阶影像上附加色彩，也可以在RGB影像上附加色彩。例如，将画面调至棕色调就非常容易，如图所示。

勾选"着色"，当前景色、背景色为黑色或白色时，色相统一为红色。将前景色、背景色改为任意颜色后，勾选"着色"后即可将影像改变为其他任意颜色

以饱和度调整强弱，将影像的色彩调整为自己喜欢的颜色

改变明度后，就能改变画面的整体感觉。但是"色相/饱和度"的明度调整不限于中间调，就连亮部和阴影都会改变，所以需要注意

2.9 可选颜色让照片更有韵味

"可选颜色"要比"色相/饱和度"在选取颜色上更直观，更方便调整影像的色彩，可以针对影像中特有的颜色来做细微的调整。

此外，它在RGB图像中也可以使用CMYK色彩作为修正，所以可以用来修改主色彩上添加的其他成分彩。例如，在人像摄影中，若觉得肌肤不够白皙、透彻，就可以选择构成肌肤成分的红色，减少红色的互补色青色，就能够简单地修补不够通透的肤色，如图所示。风景摄影中，也常常使用"可选颜色"来调整图像的色彩。例如，可以通过调整"绿色"来让树叶或草地更加葱郁，或者通过调整"黄色"来让秋色更加浓厚。即使是调整同一种颜色，它的加量与减量也会出现不一样的效果，如图所示。

人像原图，画面中美女的肌肤有些暗沉，不够通透

选择"可选颜色"中的"红色"进行调整，可以看到修正后的美女皮肤变得白皙、亮泽。没有红色成分的背景和衣服等颜色不受"红色"调整的影响，只是改变了皮肤的色彩和质感。黑色代表CMY的增减，可当作是亮度的变化，这样使用起来就非常方便了

风景原图

通过调整"可选颜色"中的绿色，来改变画面的意境。增加青色，减少洋红，就能够让草地变得更加有绿意。随着图中参数的变化，画面绿莹莹的很有春天和夏天的韵味

同样通过调整"可选颜色"中的绿色，来改变画面的意境。减少青色，增加洋红，就能够让草地变得一片金黄。随着图中参数的变化，画面到处充满着秋天的韵味

2.10 利用"渲染"滤镜打造梦幻美女

"渲染"滤镜可以使图像产生不同的光照效果和立体效果等。可以选择"滤镜"│"渲染"命令对图像应用此滤镜组。

1. "云彩"滤镜

"云彩"滤镜具有随机性,可使图像产生柔和的云彩效果。此滤镜没有对话框。在图像中绘制选区,然后应用此滤镜,效果如图所示。

2. "分层云彩"滤镜

"分层云彩"滤镜通过对图像叠加一层云彩效果,从而使两者结合起来产生反白的效果。此滤镜没有对话框。应用该滤镜后的效果如图所示。

"云彩"滤镜效果

"分层云彩"滤镜效果

3. "纤维"滤镜

"纤维"滤镜可以使图像产生机织纤维的效果,原图像将会被"纤维滤镜"效果所替代。此滤镜也是随机的。在对话框中设置好各项参数后单击"确定"按钮,效果如图所示。

4. "镜头光晕"滤镜

"镜头光晕"滤镜可以使图像产生炫光的效果,可自动设置炫光的位置。在对话框中设置好各项参数后单击"确定"按钮,得到的最终效果如图所示。

"纤维"滤镜效果

"镜头光晕"滤镜效果

5."光照效果"滤镜

"光照效果"滤镜可以使图像产生复杂的效果，通过改变图像的光源方向、光照类型和强度等，使图像产生更加丰富的效果。"光照效果"对话框如图所示，其中各选项的功能如下。

"光照效果"对话框

Ⓐ预设样式：用于设置光源的不同风格，其中共有17种类型。

Ⓑ光照类型：用于设置灯光的类型，其中有"点光""聚光灯"和"无限光"3种光照类型。

Ⓒ强度：用于设置照明的强度，取值范围为－100～100。设置为－100时图像将被黑色所覆盖，设置为100时照明最强。

Ⓓ聚光：在灯光类型为"聚光灯"时使用，在椭圆范围内进行设置以产生细光的效果，取值范围为－100～100。

Ⓔ曝光度：通过拖动滑块使图像的光线变暗或变亮。数值为0时无光照。

Ⓕ光泽：用于设置图像的反光效果。

Ⓖ金属质感：可以使椭圆范围内的图像产生更多的折射效果，取值范围为－100～100。

Ⓗ光源：可以选择光源。

2.11 锐化让画面变得更锐利

"锐化"滤镜组中包含5个滤镜。

1."锐化"滤镜

"锐化"滤镜可以使图像更加清晰，并增强图像效果。此滤镜没有对话框，处理时将自动使图像锐化。应用该滤镜后的效果如图所示。

2."锐化边缘"滤镜

"锐化边缘"滤镜可以对图像的边缘轮廓进行锐化，使线条间界限分明。此滤镜没有对话框。应用该滤镜后的效果如图所示。

"锐化"滤镜效果

"锐化边缘"滤镜效果

3."进一步锐化"滤镜

"进一步锐化"滤镜比"锐化"滤镜的效果更加强烈，可以使图像对比度更加清晰。此滤镜没有对话框。应用该滤镜后的最终效果如图所示。

4."USM锐化"滤镜

"USM锐化"滤镜可使用蒙版模糊调整图像边缘细节的对比度，使图像更加清晰。在对话框中设置各选项参数，得到的效果如图所示。

"进一步锐化"滤镜效果

"USM锐化"滤镜效果

5. "智能锐化"滤镜

"智能锐化"滤镜拥有"锐化"滤镜所没有的锐化控制功能，它可以采用锐化运算法则或控制在阴影区和加亮区发生锐化的量来对图像锐化进行控制。

打开一个图像文件，选择"滤镜"|"锐化"|"智能锐化"命令，打开如图所示的"智能锐化"对话框，其中各选项的功能如下。

"智能锐化"对话框

"智能锐化"的"高级"选项对话框

A基本模式：不含锐化、阴影和高光的模式。

B高级模式：选择"高级"模式时对话框的选项会改变，具体见G、H、I、J、K。

C数量：用于设置应用的锐化强度。

D半径：用于设置锐化效果的宽度。

E移去：采用锐化运算法则对图像进行锐化。单击"移去"选项右侧的下三角按钮，弹出其下拉列表。其中，"高斯模糊"是滤镜中所采用的锐化法；"镜头模糊"首先对图像边缘及细节进行探测，然后对图像细节进行出色的锐化，从而减少锐化所产生的晕影；"动感模糊"旨在减少因照相机或拍摄对象移动所产生的模糊效果。如果选择"动感模糊"，则应设置角度来控制移动。

F角度：选择"移去"下拉列表中的"动感模糊"选项时可设置运动的方向。

G阴影：其中包括"渐隐量""色调宽度"和"半径"选项。

H高光：其中包括"渐隐量""色调宽度"和"半径"选项。

I渐隐量：用于设置淡化高光区和阴影区的锐化力度。

J→色调宽度：用于设置被修改的阴影区和加亮区的色调宽度。将滑块拖动到左边或右边可减少或增加色调宽度值。如果数值较小，则在较暗的区域只进行阴影校正，而在较亮的区域只进行高亮校正。

53

Ⓚ半径：用于设置像素周围区域的大小，然后用这个区域的大小来决定是在阴影区内提取像素还是在加亮区内提取像素。将滑块拖动到左边可以选定一个较小的区域，拖动到右边则可以选定一个较大的区域。

如图所示，首先进行基本的锐化参数设置，然后选中"高级"单选按钮进行高级锐化参数设置，接着在"阴影"选项卡中进行设置，最后在"高光"选项卡中进行设置，单击"确定"按钮关闭对话框，得到如图所示的效果，此时的图像阴影和高光都比原来更明显了。

对智能锐化的高级选项进行设置

智能锐化后的效果图

2.12 "液化"滤镜让你1分钟变苗条

利用"液化"插件可以对图像进行任意变形，将图像液化，使其产生扭曲、旋转、移位等像液体一样变形的效果。它只对RGB颜色模式、CMYK颜色模式、Lab颜色模式和灰度图像模式的8位图像有效。选择"滤镜"|"液化"命令，打开"液化"对话框。对话框的左边是液化变形工具组，下边是视图的设置选项，如图所示。

"液化"对话框的左边共有10种图像变形工具，如图所示，可以使用任意一种工具扭曲预览图像。各工具的功能如下。

Ⓐ向前变形工具：用于将图像进行扭曲变形。

Ⓑ重建工具：使用该工具在图像上拖动会产生类似于水波纹的特效。

Ⓒ顺时针旋转扭曲工具：用于将图像进行顺时针旋转变形。

Ⓓ褶皱工具：用于将图像向中心收缩变形。

Ⓔ膨胀工具：用于将图像向外膨胀变形。

Ⓕ左推工具：用于将图像以与移动方向垂直的方向推挤。

Ⓖ冻结蒙版工具：选择的图像局部将被保护起来，不受变形的影响。

Ⓗ解冻蒙版工具：用于解除图像中冻结的区域。

Photoshop CS6的10种工具

Ⓘ抓手工具：可以方便地移动图像。

Ⓙ缩放工具：用于放大或缩小图像的显示。

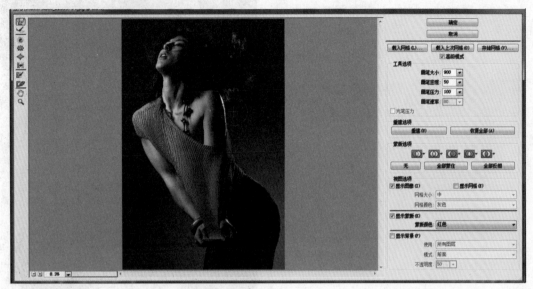

"液化"设置选项

在使用"向前变形工具"和"顺时针旋转扭曲工具"时，按住"Shift"键的同时单击，可以创建沿当前的点和前一点之间的直线拖拉的效果。

"液化"对话框的中间是图像的显示区域。

"液化"对话框的右边是操作和相关属性，如图所示。

各选项组的功能如下。

Ⓜ工具选项：用于设置左边工具的显示特性。该选项组中包括"画笔大小""画笔密度""画笔压力""画笔速率""湍流抖动""重建模式"和"光笔压力"这几个选项。

Ⓝ重建选项：用于设置重建图像的模式，可以局部恢复原始图像。该选项组中包括"模式"选项、"重建"按钮和"恢复全部"按钮。

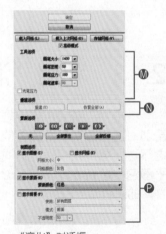

"液化"对话框

Ⓞ蒙版选项：可以快速地为当前图像创建各种特殊的蒙版效果。该选项组中包括"无""全部蒙住"和"全部反相"3个按钮。

Ⓟ视图选项：用于设置视图区域中的显示特性。该选项组中包括"显示图像""显示网格""网格大小""网格颜色""显示蒙版""蒙版颜色""显示背景""使用""模式"和"不透明度"这几个选项。

使用"液化"插件可以很方便地对图像进行变形和扭曲操作，使其像液体流动一样，如图所示。若选中对话框中的"显示网格"复选框，则可以更清楚地显示扭曲效果。

"液化"后的效果图

2.13　利用"消失点"滤镜让照片更有创意

"消失点"滤镜的作用是帮助对含有透视平面的图像进行透视图调整编辑。透视平面包括建筑物或任何矩形物体的侧面。

使用"消失点"滤镜前先选定图像中的平面，然后运用绘画、克隆、复制或粘贴及变换等编辑工具对其进行

编辑。所有编辑都会体现在正在处理的平面透视图中。

有了"消失点"滤镜，即使把图像完全置于一个单一的平面中，也无需对它进行修改，但可以对图像中的透视平面进行空间上的处理。

使用"消失点"滤镜对图像中的内容进行修饰、添

加或移动，其最终的效果将更加逼真，因为这些编辑操作都是在透视平面的指导下进行的。

选择"滤镜"|"消失点"命令，打开如图所示的"消失点"对话框，其中各选项的功能如下。

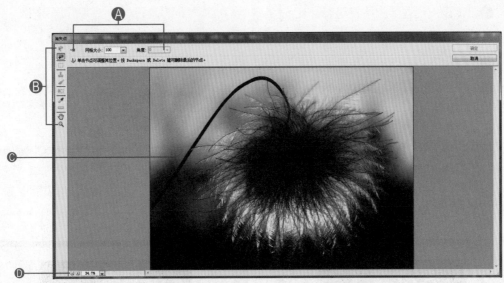

"自动校正"选项卡

Ⓐ工具选项栏：用于显示所选工具的各项参数。

Ⓑ工具箱：用于显示"编辑平面工具""创建平面工具""选框工具""图章工具"等编辑工具。

Ⓒ视图预览：用于预览调整后的视图效果。

Ⓓ缩放视图工具：可以在调整视图中显示图像的大小。

工具箱中各工具的功能如下。

• "编辑平面工具"：可以选择、编辑、移动及重新设置平面的大小。

• "创建平面工具"：可以定义平面的4个角节点，同时调整平面的大小及形状。按住"Ctrl"键（Windows）或"Command"键（Mac OS）可拖动一个边缘节点撕下一个垂直平面。

• "选框工具"：可以创建正方形或长方形的选区。可拖动预览图像创建一个选区。可以按住"Alt"键（Windows）或"Option"键（Mac OS）拖动选区来撕下一个选区。可以按住"Ctrl"键（Windows）或"Command"键（Mac OS）拖动选区，然后用源图像来填充这个选区。

下图所示为"选框工具"的属性栏，其中各选项的功能如下。

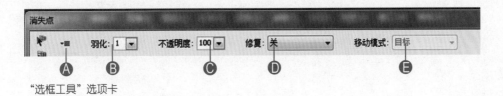

"选框工具"选项卡

Ⓐ 单击该按钮可弹出下拉菜单。

Ⓑ 羽化：用于设定羽化值，使选区的边缘产生模糊效果。

Ⓒ 不透明度：通过定义不透明度来设置选区与其下面图像的透明度。

Ⓓ 修复：可从该下拉列表中选择混合模式。选择"关"选项，选区不会与其周围像素的颜色、阴影和纹理相混合；选择"亮度"选项，可使选区与其周围像素的亮度相融合；选择"开"选项可使选区与周围像素的颜色、亮度和阴影相融合。

Ⓔ 移动模式：当移动选区时，通过"移动模式"选项来控制移动动作。"终点"选项用来确定选区所要移动选取的范围；"源"选项用来填充带有移动轨迹的源图像的区域。这与按住"Ctrl"键或"Command"键拖动选区一样，按住"Ctrl"键拖动选区可复制图像，如图所示。

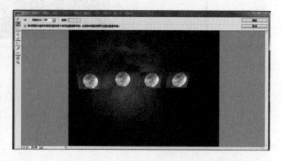

使用"移动模式"来复制图像

技巧提示

"画笔工具"同样具有绘制选区的一些功能，它可以给选区描绘黑色边框。例如，如果选中整个平面，就可以用画笔沿着边缘给平面画一个边框。

• "图章工具"：用图像样本来绘画。按住"Alt"键（Windows）或"Option"键（Mac OS）创建一个取样点，然后在图像中使用"图章工具"拖移绘画。每一笔都会涂抹掉样本的大部分区域。下图为图章工具属性栏，其中各选项的功能如下，效果如图所示。

"图章工具"选项卡

Ⓐ直径：用于设置画笔的尺寸。

Ⓑ硬度：用于设置画笔硬性中心。

Ⓒ不透明度：通过定义不透明度来设置选区与其下面图像的透明度。与"克隆图章"工具类似，"消失点图章"工具可以使用混合模式及特定的透明度来画线条。

Ⓓ修复：可以在"修复"下拉列表中选择混合模式。选择"关"选项可以防止笔触与周围像素的颜色、阴影和纹理相混合；选择"亮度"选项可以使笔触与周围像素的亮度相融合；选择"开"选项可以使笔触与其周围像素的颜色、亮度和阴影相融合。

Ⓔ对齐：选中"对齐"复选框可以对包括现有取样点在内的像素进行连续取样（即使已经释放了鼠标），每当停止后又重新绘画时，应取消选中"对齐"复选框，继续使用从最初的取样点中抽取的像素。

利用"图章工具"来绘画

• "画笔工具"：用所选的颜色绘制图像。单击"画笔颜色"色块，在打开的"拾色器"对话框中选择一种颜色；或者选择"吸管工具"，单击预览图像定义画笔的颜色。在图像中拖动画笔绘画，按住"Shift"键可使笔触保持直线。下图为"画笔工具"属性栏，其中各选项的功能如下。

"画笔工具"选项卡

Ⓐ直径：用于设置画笔的尺寸。

Ⓑ硬度：用于设置画笔硬性中心。

Ⓒ不透明度：通过定义不透明度来设置选区与其下面图像的透明度。

Ⓓ修复：用于设置混合模式。选择"关"选项可以防止笔触与周围像素的颜色、阴影和纹理相混合；选择"亮度"选项可以使笔触与周围像素的亮度相融合；选择"开"选项可以使笔触与其周围像素的颜色、亮度和阴影相融合。

Ⓔ画笔颜色：用于设置画笔颜色。

• "变换工具"：通过移动定界框手柄来缩/放、旋转、移动一个浮动的选区。这个动作与在矩形选区中执行"自由变换"命令类似。可以沿着平面的纵轴将浮动的选区水平地横向镜像，或者沿着平面的横轴将浮动的平面垂直地纵向镜像。按住"Alt"键（Windows）或"Option"键（Mac OS）拖动浮动的选区将选区"撕下"一部分。按住"Ctrl"键（Windows）或"Command"键（Mac OS）拖动选区来填充源图像的选区。

• "吸管工具"：在单击预览图像时选择一种颜色进行绘画。

• "抓手工具"：用于在预览窗口中移动图像，在窗口中拖动视图。

• "缩放工具"：用于在预览窗口中放大图像。单击或按住鼠标左键并拖动可以放大视图。按住"Alt"键（Windows）或"Option"键（Mac OS）"单击，或者按住鼠标左键并拖动来缩小预览窗口中的图像。

⭐ 技巧提示 //

　　定界框和透视栅格通过颜色的变换来指示平面目前的状况。如果平面是无效的，则应移动角节点直到定界框和透视栅格都变成蓝色。

　　蓝色网格表示平面有效。有效的平面并不能确保编辑的结果完全满足透视图的要求。必须确定平面的定界框和透视栅格与几何要素或图像中的平面区域完全吻合。

　　黄色网格表示平面无效。消失点并不能计算出平面的高宽比。不能从一个显示为红色的无效平面上"撕下"透视平面。尽管可以对一个无效平面（显示为红色）进行编辑，但其结果将是不协调的。

　　红色网格表示平面无效。平面中所有的消失点都不起作用。尽管可以从显示为黄色的无效平面中"撕下"一个垂直平面，或者对这个平面进行编辑，但其结果将是不协调的。

2.14 "镜头校正"滤镜校正镜头变形失真

"镜头校正"滤镜可以校正普通照相机的镜头变形失真。例如，桶状变形、枕形失真、晕影及色彩失常等。选择"滤镜"|"镜头校正"命令，打开"镜头校正"对话框，切换到"自定"选项卡，如图所示。其中各选项的功能如下。

"自定"选项卡

Ⓐ管理设置：将在"镜头校正"对话框中的设置进行保存，以便将其应用于由相同的相机、镜头和焦距所拍摄的照片中。"管理设置"包括"载入设置""存储设置"和"删除当前设置"3项管理设置。

Ⓑ设置：用于设置镜头校正编辑的不同形式，其中包括"镜头默认值""上一校正""自定"和"默认校正"4种形式。

Ⓒ移去扭曲：用于设置扭曲校正，可以设置桶状扭曲和枕形失真两种形式。

桶状扭曲是一种可以导致图像中的直线向边线发生弓曲变形的镜头缺陷。枕形失真则会产生相反的效果，此时直线会向内弯曲。

Ⓓ修复红/青边：通过调整与绿色通道对应的红色通道的大小来填补红色/青色边。

Ⓔ修复蓝/黄边：通过调整与绿色通道相对应的蓝色通道的大小来填补蓝色/黄色边。

Ⓕ数量：用于设置图像边缘增亮或减暗的亮度值。

Ⓖ中点：用于设置"数量"滑块所影响的范围。数值越小，表明影响图像的范围越广；数值越大，则影响范围仅局限于图像的边缘。

Ⓗ垂直透视：用于校正由于照相机上下倾斜而导致的图像透视点。

Ⓘ水平透视：用于校正图像透视点，使横线条相互平行。

Ⓙ角度：通过旋转图像

来校正照相机的倾斜度，或者在调整了图像透视点后进行该设置。也可以使用"拉直工具"来进行校正，沿着图像中希望进行垂直或水平拉伸的线条拖移即可。

Ⓚ比例：用于按比例缩放图像，图像像素的各个要素不变。该选项的主要功能是将进行了枕形失真、旋转或透视点校正之后所产生的空白区域移出。放大图像可以有效地裁剪图像空白区，并将图像最初的像素要素插入其中。

Ⓛ缩放控制指针：用于改变图像预览的缩放率，也可以使用"缩放工具"进行图像缩放调整。

Ⓜ显示网格：要使用网格，可以选中对话框中的"显示网格"复选框。运用

"尺寸"选项来调整网格间距，用"颜色"选项来设置网格的颜色。可以使用"移动网格工具"在图像中创建网格。

抓手工具：要在预览框中移动图像，可以使用"抓手工具"。

Photoshop中保存了校正图像失真、晕影和色彩失真所需的各种设置，但是不能保存对透视点的校正设置。

要使用保存的设置，可以从"管理设置"下拉菜单中选定它们；也可以使用参数设置下拉菜单中的"载入设置"命令，载入菜单中没有出现的、之前已经保存过的设置。

在Photoshop CS6中可以使用已安装的常见镜头的配置文件或自定其他型号的配置文件来自动修复、校正图像透视和镜头缺陷。为了正确地进行自动校正，Photoshop 需要Exif元数据，此数据可确定在用户的系统上创建图像和匹配的镜头配置文件的相机和镜头。

选择"滤镜"|"镜头校正"命令，在打开的对话框中切换到"自动校正"选项卡，如图所示。其中各选项的含义如下。

"自动校正"选项卡

Ⓐ校正：用于选择要解决的问题。如果校正没有按预期的方式扩展或收缩图像，从而使图像超出了原始尺寸，则选中"自动缩放图像"复选框。在"边缘"下拉列表中可以选择由于枕形失真、旋转或透视校正而产生的空白区域的处理方法。可以使用透明或某种颜色填充空白区域，也可以扩展图像的边缘像素。

Ⓑ搜索条件：用于对"镜头配置文件"列表进行过滤。默认情况下，基于图像传感器大小的配置文件首先出现。如果要首先列出Raw配置文件，单击"搜索条件"按钮，在弹出的下拉菜单中选择"优先使用 Raw配置文件"命令即可。

Ⓒ镜头配置文件：用于选择匹配的配置文件。默认

情况下，Photoshop 只显示与用来创建图像的相机和镜头匹配的配置文件（相机型号不必完全匹配）。Photoshop 还会根据焦距、光圈大小和对焦距离自动为所选镜头选择匹配的子配置文件。右击当前的镜头配置文件，然后可以选择其他子配置文件。

如果没有找到匹配的镜头配置文件，则单击"联机搜索"按钮，获取 Photoshop 社区所创建的其他配置文件。要存储联机配置文件以便将来使用，单击"镜头配置文件"按钮，在弹出的下拉菜单中选择"在本地存储联机配置文件"命令即可。

2.15　裁切，改变构图

在前面的内容中已经讲过，别在头顶留太多空间。在这一节里讲的构图技巧是要裁去主体头顶的部分空间。现在许多时尚美女肖像

摄影领域中都常用到这个技法。可以把主体的头部填满整张画面的范围，将图构得紧凑些，这样就能拍出相当具有说服力的影像。可以试

着裁切主体的头顶部位，或者是部分的手臂、肩膀以及头发等位置，但千万别裁到下巴，裁到下巴时看起来会很不自然，也令人不舒服。

裁剪前

裁剪后

裁剪前

裁剪后

03

美化人像照片技法

　　随着后期处理技术的强大与普及，后期
处理在人像摄影中的地位也越来越重要，即
使你所拍摄出来的照片非常普通，但通过对
人物的美化，依旧可以得到明星般的效果。

3.1 让肌肤通透亮白

利用Photoshop中的"图层混合模式"命令、"渐变映射"命令、"图层蒙版"为美女打造亮白、通透的肌肤

01 执行"文件"＼"打开"命令，在弹出的"打开"对话框中选择所要调整的人物照片（或者直接将所要调整的照片拖进Photoshop中），此时的图像效果和"图层"调板如图所示。

02 拖动"背景"图层到"图层"调板底部的"创建新图层"按钮上（或者直接按快捷键"Ctrl+J"），对图层进行复制操作，得到"背景副本"图层；设置图层的混合模式为"滤色"，效果如图所示。

03 为了让图片的明暗对比更加强烈，可以添加一个"色阶"命令来调整图层：单击"图层"调板的"创建新的填充或调整图层"按钮，在弹出的对话框后，得到"色阶1"图层，可以看到图像调整后的效果，如图所示。

04 按住快捷键"Ctrl+Alt+Shift+E",执行"盖印图层"命令,得到"图层1"图层,然后运用下一节讲解的通道磨皮技术进行人像磨皮处理,得到的效果如图所示。

05 使用工具条中的"修补工具" ,将一些明显的痘痘和瑕疵修补好。该方法非常方便、快捷,可以与之前的图进行对比,效果如图所示。

06 人物的皮肤处理好后,接下来就是要调整照片的整体色彩,具体操作如下:单击"图层"调板上的"创建新的填充或调整图层"按钮 ,在弹出的菜单中选择"通道混和器"命令,设置弹出的对话框后,得到"通道混和器1"图层,可以看到图像调整后的效果如图所示。

07 接下来就是要调整照片的细微颜色，具体操作如下：单击"创建新的填充或调整图层"按钮，在弹出的菜单中选择"可选颜色"命令，设置弹出的对话框如图所示。具体的照片所需要设置的参数值是不完全一样的，这需要根据自己对色彩的把握来灵活设置。

08 设置完"可选颜色"命令参数后，得到"选取颜色1"图层，可以看到调整后的效果非常好，如图所示。

09 照片柔和一点更能体现被摄美女的温柔、恬静，此时可以单击"图层"调板上的"创建新的填充或调整图层"按钮 ，在弹出的菜单中选择"渐变映射"命令，设置弹出的对话框后，得到"渐变映射1"图层；设置图层的不透明度为"71%"，最终效果如图所示。

3.2 利用通道给人物"磨皮" ////////////////////////////

利用Photoshop中的"通道"可以给人物进行磨皮。在本例中还运用到了"调整图层"命令、"滤镜"命令、"计算"命令等

01 执行"文件"\"打开"命令，在弹出的"打开"对话框中选择所要调整的人物照片（或者直接将所要调整的照片拖进Photoshop中），此时的图像效果和"图层"调板如图所示。

02为了使照片整体变亮，可以单击"图层"调板上的"创建新的填充或调整图层"按钮，在弹出的菜单中选择"曲线"命令，设置好弹出的对话框后，得到"曲线1"图层，调整后的图像效果如图所示。

04接下来在"通道"调板中进行以下操作：打开"通道"调板，选择最多杂点的"蓝"通道，然后右击选择"复制通道"，此时得到"蓝 副本"通道，如图所示。

05执行菜单栏中的"滤镜"\"其他"\"高反差保留"命令，将弹出来的对话框设置好，然后单击"确定"按钮，如图所示。

03为了调整整体图片，先盖印出一个图层，以便下一步调整：按快捷键"Ctrl+Alt+Shift+E"，执行"盖印图层"命令，得到"图层1"图层，如图所示。

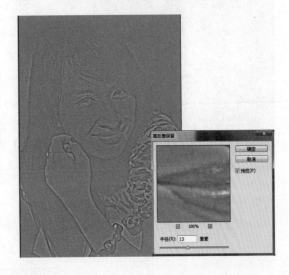

06 执行菜单栏中的"图像"\"计算"命令，将弹出来的对话框设置好，如图所示。

07 设置完参数后，单击"确定"按钮后会生成"Alpha 1"通道层，如图所示。

09 按住"ctrl"键，在"Alpha 3"通道的缩览图上方单击，载入选区；按住快捷键"ctrl+Shift+I"，执行"反选选区"命令，如图所示。

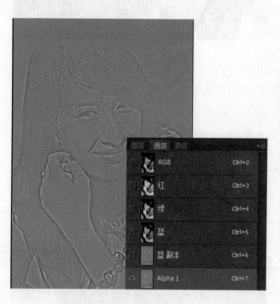

08 继续重复执行3次"计算"命令，得到"Alpha 3"通道层，如图所示。

10 回到"图层"调板，按住快捷键"ctrl+H"，取消选区，然后按下快捷键"ctrl+M"，此时会弹出一个曲线对话框，然后调整曲线，如图所示。

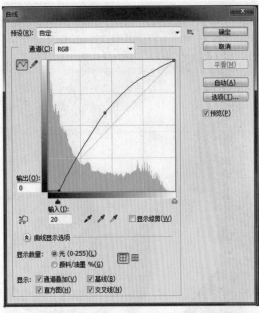

11 使用工具条中的"修补工具" ,将一些明显的痘痘和瑕疵修补好。该方法非常的方便、快捷。与之前的图进行对比,效果如图所示。

12 磨皮后的照片难免显得比较柔和，此时可以利用"色阶"命令来增加照片的对比度，让人物的皮肤更有质感。单击"创建新的填充或调整图层"按钮 ，在弹出的菜单中选择"色阶"命令，设置的色阶对话框如图所示。

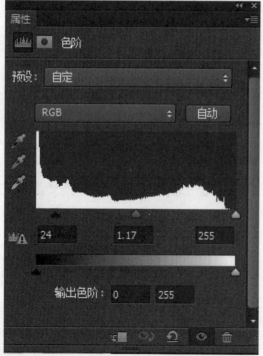

小知识 /////////////////////

也可以使用"仿制图章工具"来为人物减少痘痘、瑕疵。在选项栏中选择"对齐"选项，则不管绘画多少次，都可以重新使用最新的取样点，即定义源与画笔保持同等距离。而当"对齐"选项处于取消状态时，将在每次绘画时重新使用同一个样本。

3.3 巧用图章工具去除人物脸部斑点

利用Photoshop中的"图章工具"和"模糊工具"为人物去除脸部的斑点与瑕疵

01 执行"文件"\"打开"命令，在弹出的"打开"对话框中选择所要调整的人物照片（或者直接将所要调整的照片拖进Photoshop中），此时的图像效果和"图层"调板如图所示。

02 若原来的照片较暗，可以单击"图层"调板上的"创建新的填充或调整图层"按钮 ，在弹出来的菜单中选择"曲线"命令，设置弹出的对话框后，得到"曲线1"图层。调整后的效果如图所示。

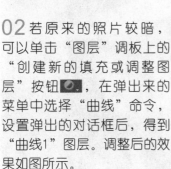

03 为了调整整体图片，先盖印出一个图层，以便下一步调整：按快捷键"Ctrl+Alt+Shift+E"，执行"盖印图层"命令，得到"图层1"图层，如图所示。

04 为人物的脸部使用"仿制图章工具" 去除瑕疵。按住"Alt"键在人物脸部没有瑕疵的皮肤上单击一下进行取样,然后再在有瑕疵的皮肤上进行涂抹。因为是仿制的原理,所以在进行取样时,最好是选择相近的皮肤。对比效果如图所示。

05 若觉得人物的皮肤过硬,不够柔和,可以使用工具栏中的"模糊工具" 进行处理。利用"模糊工具"在人物的脸部涂抹,能够让人物的皮肤显得更加柔和,更能体现出女性皮肤柔和、细腻的质感。在使用"模糊工具"时,还可以调整它的强度,使用起来非常灵活,效果如图所示。

06 为了加强照片的对比效果,可以添加一个"色阶"图层。单击"创建新的填充或调整图层"按钮 ,在弹出的菜单中选择"色阶"命令,设置好对话框后得到"色阶1"图层,调整后的效果如图所示。

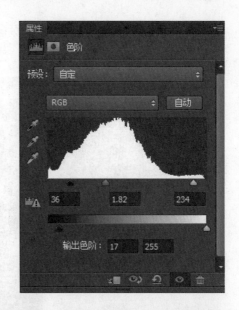

07 最后就是要调整画面
的整体色调，让画面更有艺
术照的效果。具体操作如下
所示：单击"创建新的填充
或调整图层"按钮 ，在
弹出的菜单中选择"可选颜
色"命令，设置弹出的对话
框如图所示。具体的照片所
需要设置的参数值是不完全
一样的，这需要根据自己对
色彩的把握来灵活设置。

08 设置完"可选颜色"命令参数后，得到"选取颜色1"图层，可以看到调整后的效果非常好，如图所示。

3.4 打造电眼美女

利用Photoshop中的"滤镜""图层混合模式"和"调整图层"等命令，为美女打造一双美丽勾魂的电眼

01 执行"文件"\"打开"命令，在弹出的"打开"对话框中选择所要调整的人物照片（或者直接将所要调整的照片拖进Photoshop中），此时的图像效果和"图层"调板如图所示。

02 为了让照片变亮并加强照片的对比效果，可以添加一个"色阶"图层。单击"创建新的填充或调整图层"按钮，在弹出的菜单中选择"色阶"命令，设置好对话框后得到"色阶1"图层，调整后的效果如图所示。

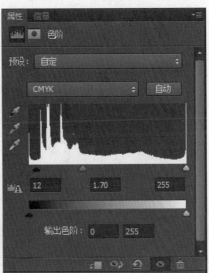

03 运用前面讲的"通道磨皮"为人物磨皮后，再使用工具条中的"修补工具" ，将一些明显的痘痘和瑕疵修补好（当然也可以使用"仿制图章工具"，看个人喜好），该方法非常的方便、快捷。与之前的图进行对比，效果如图所示。

04 为了让照片的人物更加清晰有质感，可以执行菜单中的"滤镜"\"锐化"\"USM锐化"命令，设置好弹出的对话框参数后，单击"确定"按钮，效果如图所示。

 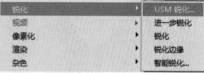

05 使用工具条中的"多边形套索工具 " ，在人物的眼睛部分勾勒出眼白的选区，如图所示。

06 要想使眼白看起来更加干净，从而让眼睛更有神，可以降低眼白的饱和度。按下"Ctrl+U"快捷键，会弹出"色相/饱和度"对话框，设置合适参数后单击"确定"按钮，如图所示。按下快捷键"Ctrl+D"将取消选区。

07 使用工具条中的"多边形套索工具" ，在人物的眼睛部分勾勒出眼球的选区，按下快捷键"Shift+F6"，羽化选区。然后设置好弹出来的对话框后单击"确定"按钮，如图所示。再按下快捷键"Ctrl+J"，复制选区内容到新的图层，此时会生成"图层1"图层，如图所示。

08 可以添加一个"色阶"图层来提亮眼球。单击"图层"调板上的"创建新的填充或调整图层"按钮 ，在弹出的菜单中选择"色阶"命令，设置好对话框后得到"色阶1"图层。然后按下快捷键"Ctrl+Alt+G"执行"创建剪切蒙版"操作，调整后的效果如图所示。

10 使用工具条中的"多边形套索工具"
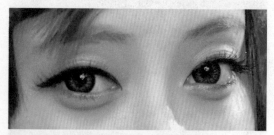，在人物的眼睛部位勾勒出眼球上的高
光选区，然后按下快捷键"Ctrl+M"，将
会弹出"曲线"对话框，调整曲线后的效果
如图所示。

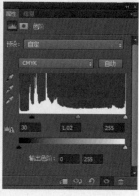

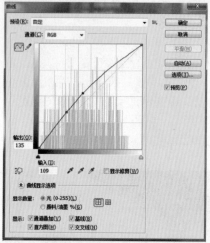

09 为了调整整体图片，先盖印出一个
图层，以便下一步的调整。按下快捷键
"Ctrl+Alt+Shift+E"，执行"盖印图层"
命令，得到"图层2"图层，如图所示。

11 设置完"曲线"的参数后单击"确定"
按钮，然后按下快捷键"Ctrl+D"，取消选
区，可以看到调整后的眼睛非常明亮，炯炯
有神，如图所示。

12 接下来就是要调整一下画面的整体亮度与对比效果，可以添加一个"色阶"图层。单击"创建新的填充或调整图层"按钮 ，在弹出的菜单中选择"色阶"命令，设置好对话框后得到"色阶1"图层，调整后的效果如图所示。

3.5 打造苗条身姿 //

利用Photoshop中的"液化"命令，对美女的脸部轮廓和身体曲线进行调整，帮美女打造美妙、苗条的身姿

01执行"文件"\"打开"命令，在弹出的"打开"对话框中选择所要调整的人物照片（或者直接将所要调整的照片拖进Photoshop中），此时的图像效果和"图层"调板如图所示。

02 拖动"图层0"图层到"图层调板"底部的"创建新图层"按钮  上（或直接按下快捷键"Ctrl+J"），对图层进行复制，得到"图层0副本"图层，如图所示。

03 使用套索  工具将所要液化的部位圈出来（也可以直接对整张图液化，但是图片太大的话会影响操作的速度）执行菜单栏中的"滤镜"\"液化"命令，设置好弹出的对话框参数后，选择"向前变形工具" 调整好合适的画笔大小，在人物需要调整的轮廓边缘仔细地往里拖动鼠标（此时单击鼠标左键不要松手），使人物的轮廓线往里收缩，从而使人物的轮廓线条更加流畅、漂亮，如图所示。

04 接下来就是要调整一下画面的整体亮度与对比效果，可以使用"色阶"命令实现。单击"创建新的填充或调整图层"按钮  ，在弹出的菜单中选择"色阶"命令，设置好对话框后得到"色阶1"图层，调整后的效果图如所示。

05 接下来就按照前面小节介绍的方法帮人物"磨皮""去瑕疵"和"可选颜色"，最终效果如图所示。

3.6 调整人像背景的色彩

在Photoshop中可以通过"钢笔工具""色相/饱和度"命令来改变人物背景的色彩，从而达到另外一种艺术效果

01 执行"文件"\"打开"命令，在弹出的"打开"对话框中选择准备好的人物素材（或者直接将准备好的人物素材拖进Photoshop中），素材与生成的图层如图所示。

02 要变换背景的颜色而不是人物的颜色，所以要先把人物抠出来。可以使用工具条中的"钢笔工具" ，在工具选项条中选择"路径"按钮，绘制人物的轮廓路径，如图所示。

03 按 "Ctrl+Enter" 快捷键，将路径转换为选区；按 "Shift+F6" 键，羽化选区；设置弹出的对话框后，单击 "确定" 按钮；再按 "Ctrl+J" 快捷键，复制选区内容到新的图层，生成 "图层1" 图层，如图所示。

05 设置完 "色相/饱和度" 命令后，得到 "色相/饱和度1" 图层，可以看到图像调整后的效果如图所示。

04 调整背景的颜色，使 "背景" 图层呈操作状态；单击 "图层面板" 的 "创建新的填充或调整图层" 按钮，在弹出的菜单中选择 "色相/饱和度" 命令；设置弹出的对话框如图所示。

06 再对照片的颜色进行细微的调整。使 "图层1" 图层呈操作状态，单击 "创建新的填充或调整图层" 按钮，在弹出的菜单中选择 "曲线" 命令，设置弹出的对话框如图所示。

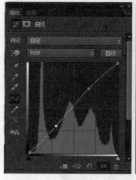
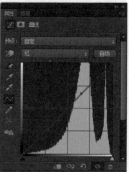

07设置完"曲线"命令参数后，得到"曲线1"图层，可以看到照片的颜色调整得更加和谐了，效果如图所示。

08为了让图片的明暗对比更加强烈，再添加一个"色阶"调整图层。单击"图层面板"的"创建新的填充或调整图层"按钮 ，在弹出的菜单中选择"色阶"命令，设置弹出的对话框后，得到"色阶1"图层，可以看到图像调整后的效果如图所示。

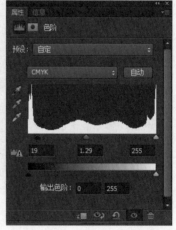

3.7 虚化背景突出人物

人像摄影中常常会采用虚化背景的形式来突出主体人物，在Photoshop中也能做到。本例中将会运用到Photoshop中的"高斯模糊滤镜"命令、"图层蒙版"等技术制作纵深感

01 执行"文件"\"打开"命令，在弹出的"打开"对话框中选择准备好的人物素材（或者直接将准备好的人物素材拖进Photoshop中），素材与生成的图层如图所示。

02执行菜单栏中的"滤镜"\"模糊"\"高斯模糊"命令,设置弹出的对话框中的参数后,单击"确定"按钮。设置后的效果如图所示。

04使主体人物变清晰。在刚才的蒙版操作状态下,设置前景色为黑色,使用"画笔工具" ✎ 设置适当的画笔大小和透明度后,在人物的位置涂抹,其蒙版状态和图层面板如图所示。

03使照片中心清晰起来,首先复制背景图层命名为"图层1",单击"添加图层蒙版"按钮 ◉,为"图层1"添加图层蒙版。使用"渐变工具" ▣,设置一个由黑到白的渐变,选择"径向渐变" ▣,在图像中从中间向边缘拖动鼠标,得到渐隐的效果。其蒙版状态和图层面板如图所示。

3.8　模糊使照片的景深更强化

本例是将照片的背景进行模糊处理，从而制作出照片的景深效果。制作重点是"高斯模糊"滤镜的使用

01 执行"文件"\"打开"命令，在弹出的"打开"对话框中选择准备好的人物素材（或者直接将准备好的人物素材拖进Photoshop中），复制"背景"图层，得到"背景　副本"图层，如图所示。

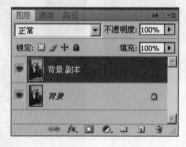

02 绘制出选区。使用工具箱中的"椭圆选框工具" ⊙ ，在图像中框选图像，效果如图所示。

04 将选区模糊处理制作景深。执行菜单栏中的"滤镜"\"模糊"\"高斯模糊"，在弹出的"高斯模糊"对话框中设置参数，如图所示。

05 设置完成后单击"确定"按钮，然后按"Ctrl+D"键取消选区，得到图像的最终效果如图所示。

03 按"Shift+F6"键羽化选区命令，设置弹出的对话框中的参数，单击"确定"按钮，然后按"Ctrl+Shift+I"键将选区反选，效果如图所示。

3.9 夜景人物的修饰

在拍夜景照片时色温和白平衡等因素会影响照片的色调，利用Photoshop的"调整图层"命令、"图层蒙版"命令可以对夜景照片进行修饰

01 执行"文件"\"打开"命令，在弹出的"打开"对话框中选择准备好的人物素材（或者直接将准备好的人物素材拖进Photoshop中），素材与生成的图层如图所示。

02夜景中的照片色温较低，画面会偏黄，此时可对照片的颜色进行调整。单击"创建新的填充或调整图层"按钮 ⊙，在弹出的菜单中选择"曲线"命令，设置弹出的对话框如图所示。

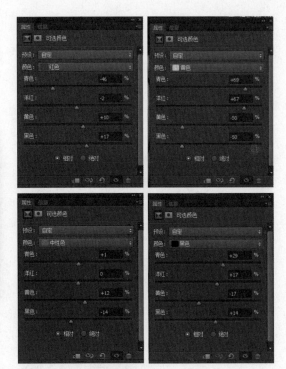

03设置完"曲线"命令参数后，得到"曲线1"图层，可以看到照片变亮了，人物的细节更加清楚了，效果如图所示。

05设置完"可选颜色"命令后，得到"选区颜色1"图层，可以看到效果如图所示。

04单击"创建新的填充或调整图层"按钮 ⊙，在弹出的菜单中选择"可选颜色"命令，设置弹出的对话框如图所示。

06为了降低照片的饱和度，单击"图层面板"的"创建新的填充或调整图层"按钮 ，在弹出的菜单中选择"色相/饱和度"命令，设置弹出的对话框后，得到"色相/饱和度1"图层。可以看到图像调整后的效果如图所示。

08再对照片的颜色进行细微的调整。单击"创建新的填充或调整图层"按钮 ，在弹出的菜单中选择"曲线"命令，设置弹出的对话框如图所示。

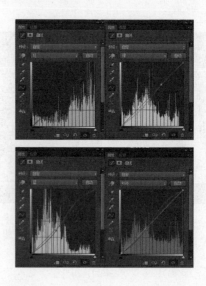

09设置完"曲线"命令参数后，得到"曲线2"图层，可以看到照片的颜色调整为正常的色彩，效果如图所示。

07为了让图片的明暗对比更加强烈，添加一个"色阶"调整图层。单击"图层面板"的"创建新的填充或调整图层"按钮 ，在弹出的菜单中选择"色阶"命令，设置弹出的对话框后，得到"色阶1"图层。图像调整后的效果如图所示。

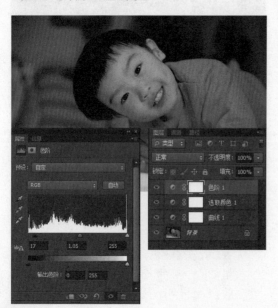

10 调整人物的衣服颜色。添加一个"色阶"调整图层，单击"创建新的填充或调整图层"按钮 ⊘,在弹出的菜单中选择"色阶"命令，设置弹出的对话框如图所示。

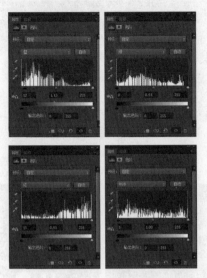

11 设置完"色阶"命令后，得到"色阶2"图层，可以看到图像调整后明暗对比更加强烈，如图所示。

12 人物皮肤颜色受到了影响，单击"色阶2"的图层蒙版缩览图，设置前景色为黑色；使用"画笔工具" ✎ 设置适当的画笔大小和透明度后，在人物皮肤的位置涂抹，其蒙版状态和图层面板如图所示。

13 对照片的颜色进行细微的调整。单击"创建新的填充或调整图层"按钮 ⊘,在弹出的菜单中选择"可选颜色"命令，设置弹出的对话框如图所示。

14 设置完 "可选颜色" 命令参数后，得到 "选取颜色2" 图层，可以看到照片的颜色 被调整为正常的颜色了，如图所示。

16 最后执行 "曲线" 命令对图片做最后的 调整，最终效果如图所示。

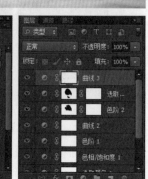

15 为了让人物的皮肤保持自然，可单击 "色阶2" 的图层蒙版缩览图，设置前景色 为黑色；使用 "画笔工具" ▧ 设置适当的 画笔大小和透明度后，在人物皮肤的位置涂 抹，其蒙版状态和图层面板如图所示。

04

美化风景照片技法

后期处理风景照片时，首先要调整的是照片的明度，然后是调整照片的整体颜色。不仅是风景照适用这一原则，其他照片的后期处理也遵循这一准则。

4.1 风景相片后期制作流程

要想风景照片漂亮，除了在拍摄时要技术过硬外，在后期制作时也要很用心地去调整。可以使用"色阶""曲线"和"色彩平衡"等命令来让风景照更完美、漂亮

01 执行"文件"\"打开"命令，在弹出的"打开"对话框中选择所要调整的风景照片（或者直接将所要调整的照片拖进Photoshop中），此时的图像效果和"图层"调板如图所示。

02 利用"色阶"命令将亮部与阴影的滑块调整至山形分布的两端。当照片产生过度的漆黑或死白时，可以将滑块由山形分布的两端向外侧移一点，效果如图所示。

03 对比是表现立体感和纵深感的重点要素，所以此时可以执行"曲线"命令来提高对比度，让亮的地方更亮，暗的部分更深一点，这样画面会更有层次，更平衡，如图所示。

05 画面的整体颜色调整完后，就调整各个被摄体的色彩。执行"色相／饱和度"命令，此时，若设定为"全图"，则会调整整张相片的主要色彩，如图所示。

04 明度与对比度调整完后，就可以执行"色彩平衡"命令，用来调整画面白平衡的偏差。为了让水更清、树更绿，可以选择"色彩平衡中间调"，可以适当的减少黄色，并且调整整体色彩平衡，如图所示。

06 若要追求完美的话，还可以调整各个被摄体的色彩，观察画面中各色彩的成分，然后将"全图"改为"红色""绿色""蓝色""黄色""青色""洋红色"，如图所示。

4.2 天空的修正

修正天空的重点是要注意"天空的蔚蓝"和"白云的表现"。天空的蔚蓝要考虑拍照的地点和天气,避免调整得不自然,白云往往很容易过曝失去细节,或曝光不足变得很脏

01 执行"文件"\"打开"命令，在弹出的"打开"对话框中选择所要调整的风景照片（或者直接将所要调整的照片拖进Photoshop中），此时的图像效果和"图层"调板如图所示。

03 接下来要展现天空的蔚蓝，此时可执行"色彩平衡"命令，单击"图层"调板的"创建新的填充或调整图层"按钮，在弹出的对话框中设置后，得到"色彩平衡1"图层，效果图如所示。

02 先调整画面的整体亮度。可以执行"色阶"命令来调整图层：单击"图层"调板的"创建新的填充或调整图层"按钮，在弹出的对话框中设置后，得到"色阶1"图层。虽然每张照片的情况不同，但是白云的死白是非常显眼的，往往让其失去本身的质感。可以看到图像调整后的效果，如图所示。

04 最后执行"曲线"命令，将亮部提高，以便减少云的重量，造就轻盈、洁白的云朵。单击"图层"调板的"创建新的填充或调整图层"按钮，在弹出的对话框中设置后，得到"曲线1"图层，如图所示。

4.3 水面的修正

海水、河川等水面会反映环境光，其颜色与质感很容易受时间与天气的影响。水面对光的反射效率高，特征是比其他物体更容易产生光泽。若想要水面表现真实，重点是它的光泽与色彩

01 执行"文件"\"打开"命令，在弹出的"打开"对话框中选择所要调整的风景照片（或者直接将所要调整的照片拖进Photoshop中），此时的图像效果和"图层"调板如图所示。

02 先制作水面选取范围。使用"魔术棒工具"，并进一步选择"选取—修改—羽化"，或者快捷键"Shift+F6"，羽化的半径设为10像素。修正时尽量不要让边界太明显，如图所示。

03 保持选取范围，此时可执行"曲线"命令，单击"图层"调板的"创建新的填充或调整图层"按钮 ，在弹出的对话框中设置后，得到"曲线1"图层。将曲线调整成S形来强调对比度，可强调水面反射，营造与其他被摄体之间的质感差距，如图所示。

小知识

强调对比可能会让水面产生粗糙质感。想要顺滑如丝般的水面，需要以抑制对比等方式来让其达到理想中的效果。

04 接下来要调整水面的色彩，此时可执行"色彩平衡"命令，单击"图层—新增调整图层—曲线"，并勾选"使用上一个图层建立剪裁遮色片"。使用剪裁遮色片后，色彩平衡结果将作用在曲线作用的同一图层上，如图所示。

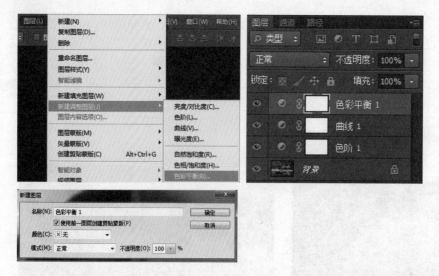

05 调整湖水的颜色。在"色彩平衡"中选择"色调：亮光"，适当增加"青色"与"蓝色"，让湖水变得更加蔚蓝一些。然后在选择"色调：中间调"，适当增加"红色"与"蓝色"，微微调整一下水面的色彩，如图所示。

4.4 树木绿叶的修正

修正树木叶子的重点是要注意树木叶子的颜色非常能体现出季节感。加强树叶的绿意能够给人春天或者夏天的感觉（通过对绿色的浓度把握来区分春天与夏天）。加强黄色则能给人秋天的感觉，这里最方便的就是使用"色相/饱和度"和"照片滤镜"来进行调整

01 执行"文件"\"打开"命令，在弹出的"打开"对话框中选择所要调整的风景照片（或者直接将所要调整的照片拖进Photoshop中），此时的图像效果和"图层"调板如图所示。

02 执行"调整—色彩平衡"来修正绿色。如图所示。

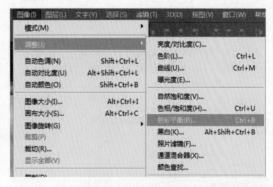

03 将"色相"滑块向右移动，增加色相会让树叶呈现新绿的色彩。同时调整"饱和度"和"明度"，让绿色充满生机，给人以生命的迹象，如图所示。

小知识

若将色相滑块向左移动，可以让绿色的叶子变成黄色的叶子，让画面变成秋天的感觉。色相的改变能够大幅度地影像画面的意境，从而给人呈现不一样的感觉与意境。很多时候可以根据自己对这方面的理解来调整参数，要学会灵活的运用。

04 接下来通过"照片滤镜"来调整。在"色相/饱和度"中提高饱和度，常常会产生过饱和现象，让阶调受损。这时可以使用"照片滤镜"。此时可以执行"选择—色彩范围"，在"选取"中设定"黄色"或"绿色"来指定树叶部分，便可以确定树叶的选取范围，如图所示。

05 执行"图层"\"新增调整图层"\"照片滤镜"，将滤镜设置为"绿色"，通过调整浓度来调整绿色状况。如果想要提高绿色浓度，可以取消勾选"保持明度"，如图所示。

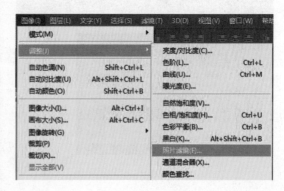

06 对画面进行最后的调整。此时可执行"曲线"命令，单击"图层"调板的"创建新的填充或调整图层"按钮 ⬤ ，"如图所示。

4.5 让瀑布脱颖而出

希望相片颜色深一点，最常用的方法就是降低曝光的方向。画面中的瀑布看上去非常灰，没有层次，是由于阴影部分不明而暗沉，整体调子显得浮动，本案例就是针对这点，让画面整体具有浓厚深沉的色彩

01 执行"文件"\"打开"命令，在弹出的"打开"对话框中选择所要调整的风景照片（或者直接将所要调整的照片拖进Photoshop中），此时的图像效果和"图层"调板如图所示。

02 首先确定相片的最暗部分色彩，用"曲线"命令来调整图层。单击"图层"调板的"创建新的填充或调整图层"按钮 ，选择"曲线"后会得到一个"曲线1"图层。让画面暗一些，但是又不能出现死黑，如图所示。

03 针对"曲线"。调整曲线来让照片整体变暗，但重点是让阴影部分的阶调能感觉到，这些阶调我们重现"明部基础"的明暗，接着要在下个阶调提高暗部以外的阶调，所以仍然能保持暗部中还有阶调感，如图所示。

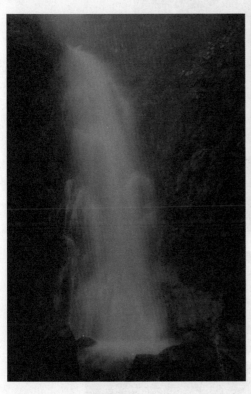

04 单击"图层"调板的"创建新的填充或调整图层"按钮 ，选择"可选颜色"后会得到一个"可选颜色1"图层。减少"中间色"的"黑色"，这样就能保持阴影的状态，而让阶调浮现，从而不被阴影所埋没，如图所示。

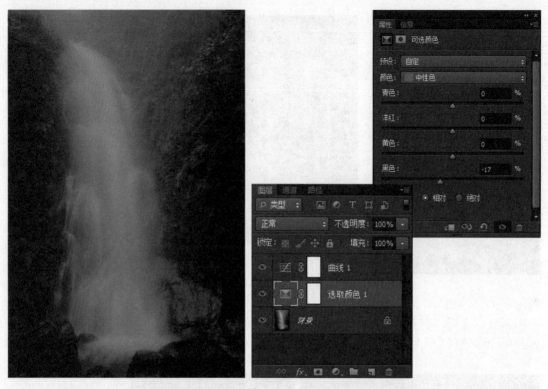

05 针对上一步的修正，使用"图层蒙版"来去除不必要的修正部分。此时应降低"笔刷工具"的不透明度，以重复涂抹的方式一笔一笔画出蒙版，来做出微妙的阶调，这样就能做出自然的效果，如图所示。

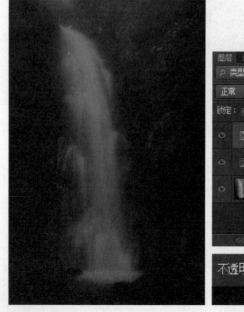

06 不能让暗部过于死黑，要做出一些视觉起伏，加强对比是行不通的，因为这样会产生漆黑，可以制造颜色上的差距来提高阶调感。此时执行"色相/饱和度"命令。这样不但可以增添瀑布亮部的色彩，还能强调其他景物本身的颜色，如图所示。

07 在为整个画面加强饱和度后，为其添加一个图层蒙版，将其他不需要增加饱和度或者饱和度过了的地方用画笔工具涂抹，画笔的大小视具体情况来调整，如图所示。

08 为画面做最后的小调整。单击"图层"调板的"创建新的填充或调整图层"按钮 ，选择"曲线"后会得到一个"曲线2"图层，如图所示。

4.6 重现雪景的魅力

修正雪景时，最难的一个步骤就是调整"色彩平衡（色温）"。原图的雪景是浑浊的，修正的目的就是将雪景那寒冷、洁白的特性展现出来

01 执行"文件"\"打开"命令，在弹出的"打开"对话框中选择所要调整的风景照片（或者直接将所要调整的照片拖进Photoshop中），此时的图像效果和"图层"调板如图所示。

03 继续在上一步骤中的曲线上进行调整，加强照片的对比度来突出亮部。要注意亮部曲线的上端不要碰到图表边缘。此外，如果阴影过暗，会让画面出现浑浊，所以建议最好不要改变阴影的原始亮度，如图所示。

02 调整画面的亮部。执行"曲线"命令，单击"图层"调板的"创建新的填充或调整图层"按钮，在弹出的对话框中设置后，得到"曲线1"图层，然后移动亮部的滑块来决定雪的亮度，如图所示。

04 调整雪景的色彩。此时可执行"可选颜色"命令，单击"图层"调板的"创建新的填充或调整图层"按钮，在弹出的对话框中设置后，得到"选取颜色1"图层，如图所示。

数码摄影后期处理宝典

05 执行"色阶"命令，单击"图层"调板的"创建新的填充或调整图层"按钮，在弹出的对话框中设置后，得到"色阶1"图层，如图所示。

 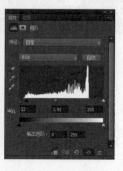

116

4.7 让微距花卉更轻盈、透明

一般情况下，对于花卉照片，人们往往会想要加强饱和度，让其更鲜艳，但很多时候会弄巧成拙，反而不利于花卉的展现。此案例就是以另外一种方法来展现花卉的轻盈与透明感

01 执行"文件"\"打开"命令，在弹出的"打开"对话框中选择所要调整的风景照片（或者直接将所要调整的照片拖进Photoshop中），此时的图像效果和"图层"调板如图所示。

02 首先调整相片最暗部分色彩的"曲线"命令来调整图层，单击"图层"调板的"创建新的填充或调整图层"按钮 ，选择"曲线"后会得到一个"曲线1"图层。加亮、缓和花瓣等处的阴影。为了做出花卉柔和的感觉，要抑制亮部，让整体对比稍微弱一些，让画面呈现出较亮的色彩，如图所示。

03 再执行一次"曲线"命令，得到一个"曲线2"图层。调整曲线让整个画面变得明亮。若阴影比较强，也可以修改阴影输出，可以根据具体情况灵活使用，好在该照片的背景是纯白色，比较好调整，如图所示。

04 为该曲线添加一个"图层蒙版"，以避免在调整"曲线2"时影响到的花卉部分。重点
是使用边缘模糊的大笔刷，降低"不透明度"在花瓣边界"轻柔"地描绘。画好图层的蒙版
后，可以对"曲线2"做重新的调整，也可以降低图层的"不透明度"来微调修正量，如图
所示。

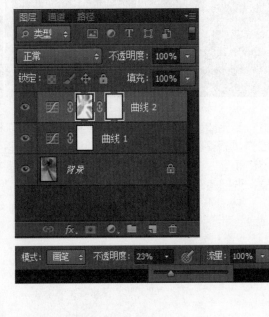

05 执行"可选颜色"命令来修整主体的颜色。以这种色彩较淡的例子来说，即使先修正颜
色，再加强饱和度之后，也不会产生荧光色的不自然现象。由于被摄体带有红色和洋红色，
所以在调整时也可以针对这两种颜色做细微调整，如图所示。

06 若希望颜色华丽缤纷，可以执行"自然饱和度"命令。单击"图层"调板的"创建新的填充或调整图层"按钮 ，选择"曲线"后会得到一个"自然饱和度1"图层，先以"自然饱和度"调整至极限，再用"饱和度"加强不足处的颜色。背景中的白色容易产生过曝现象，要留意，如图所示。

07 对画面进行最后的调整。执行"色阶"命令，单击"图层"调板的"创建新的填充或调整图层"按钮 ，选择"色阶"后会得到一个"色阶1"图层。色阶用来确认曝光度与色彩浓度。可以稍稍尝试降低影像的曝光，在不出现浑浊的前提下提高色彩浓度。若想让花卉色彩更加透明，建议让影像亮一点，但是不要曝光过度，如图所示。

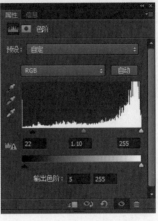

4.8　让日落更具魅力

虽然夕阳的颜色与天空的颜色都偏淡，但还是有办法能够将这样的颜色变艳丽。通过后期制作处理，可以让风景照片非常戏剧化，让日落的魅力重现在我们面前

01 执行"文件"\"打开"命令，在弹出的"打开"对话框中选择所要调整的照片（或者直接将所要调整的照片拖进Photoshop中），此时的图像效果和"图层"调板如图所示。

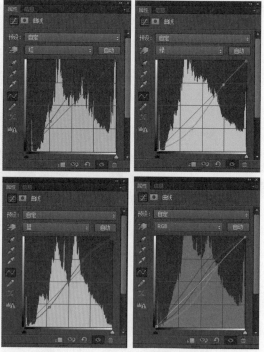

02 参考云朵的白色，以"曲线"命令来调整图层各个色板。在亮部和阴影区域共制造两个控点，交互上下移动来确认是否是自己想要的效果，如此一来就比较容易做出想要的色彩，如图所示。

03 由于"曲线2"的修正效果是针对整个画面进行的，因此，要为"曲线2"添加一个图层蒙版，用来减弱天空的修正效果。在此建议修改时由上至下渐渐增强，为了让其平滑地转变，使用"渐变工具"描绘蒙版。由于变化非常微妙，所以得巧妙地调整渐变范围，如图所示。

04 执行"色阶"命令来调整整个画面的色彩浓度与曝光度。若希望色彩浓厚一些，那么就让画面暗一些；若想画面具有透明的颜色，那么就让画面亮一点，根据自身的感觉来进行灵活调节。在此例中，我们降低曝光度，以便让画面有一种厚重感，如图所示。

05 即使是非常细微的调整，也能让画面呈现出不一样的感觉，在此执行"色相/饱和度"命令来调整画面。此微程度的修色，使用"色相"往往比"色彩平衡""曲线"来得简单有效。当加强"饱和度"时，要注意不要出现过于饱和的现象，否则会适得其反，从而影响画面的整体效果，如图所示。

4.9 修补曝光不足的照片有妙招

在拍摄海景的时候，若在阴天进行拍摄，当所拍摄的照片曝光不足时，可利用Photoshop的"色阶"命令、"色彩范围"命令对夜景照片进行修饰

01 打开素材文件，复制图层，得到"图层1"图层，如图所示。

03 点击"编辑\填充"菜单项，在弹出的"填充"对话框中设置如图所示的参数，然后点击"确定"按钮。

02 点击"图层"面板中的"创建新图层"按钮，新建"图层2"图层，如图所示。

04 点击"图层"面板中的"混合模式"按钮，在弹出的下拉列表中选择"叠加"选项，如图所示。

05 选择"画笔"工具 ✐，在工具选项栏中设置如图所示的参数。

06 点击"X"键，将前景色设置为白色；使用"画笔"工具 ✐，对山体、海面部分进行涂抹，涂抹完成后得到如图所示效果。

07 选择"画笔"工具 ✐，在工具选项栏中设置如图所示的参数。

08 选择"画笔"工具 ✐，在天空部分进行涂抹，涂抹完成后得到如图所示的效果。

09 选择"图层1"图层，执行"选择\色彩范围"菜单选项，在弹出的"色彩范围"对话框中，选择"吸管"工具 ✐，在图像天空的灰色部分吸取颜色，并设置如图所示的参数。

10 设置完成后得到如图所示的效果。

11 选择"画笔"工具 ∕，在工具选项栏中设置如图所示的参数。

12 按"D"键将前景色设置为黑色；用"画笔"工具 ∕，在图像选区部分进行涂抹；按下"Ctrl+D"组合键取消选区，则效果如图所示。

13 在"图层"面板中点击"创建新的填充或调整图层"按钮 ∅，在弹出的菜单中选择"色相/饱和度"菜单选项，并设置如图所示的参数。

14 设置完成后得到如图所示的画面效果。

15 在"图层"面板中点击"创建新的填充或调整图层"按钮 ∅，选择"色阶"菜单项，在弹出的"色阶"界面中，设置参数并双击"在图像中取样以设置白场"吸管。

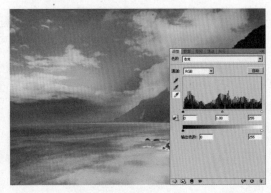

16 设置完成后得到如图所示的效果。

17 将前景色设置为白色；选择"图层2"图层，使用"画笔"工具 ✐，在天空的最右边点击一次，按住"Shift"键的同时再点击最左边一次，得到的最终效果如图所示。

拍摄海边风光照片的一个非常有用的技巧就是让照片的清晰区域变得极大，以展现大海的广阔无边，以突出其广阔的气势。本张照片，为使风光的景深变大，使用广角镜头，并设置小光圈进行拍摄。在后期处理中，要注意将画面中的细节层次处理出来，这样才能表现出海面的整体色彩和细节层次。

4.10 修补曝光过度的照片有妙招

在雪天进行拍摄时，得到的照片经常会出现曝光过度的情况，除了在拍摄过程中利用相机的曝光补偿功能进行修正之外，摄影者还可以通过后期处理软件来对照片进行修正

01 打开素材文件，复制"背景"图层，得到"背景副本"图层；点击"创建新图层"按钮 ◧，得到"图层1"图层，如图所示。

02 执行"编辑\填充"命令，在"填充"对话框中设置如图所示参数，并点击"确定"按钮。

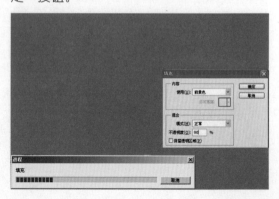

03 将"图层1"的图层混合模式设置为"叠加",如图所示。

04 选择"画笔"工具 ✎,在工具选项栏中设置如图所示的参数,设置前景色为白色,对画面整体进行涂抹,使曝光过度的区域与其他区域相协调。

05 执行"图像\计算"命令,在弹出的对话框中设置如图所示的选项与参数,然后点击"确定"按钮,如图所示。

06 按住"Ctrl"键的同时点击"通道"面板中的"Alpha1"通道,建立调整选区,如图所示。

07 选择"画笔"工具 ✎,在工具选项栏中设置如图所示的参数,设置前景色为黑色,在选区内进行涂抹。

08 涂抹完成后效果如图所示。

09添加"可选颜色"调整图层，各选项参数设置如图所示。

10设置完成后得到如图所示效果。

11选择"背景副本"图层，执行"滤镜"\"模糊"\"高斯模糊"命令，在弹出的对话框中设置如图所示的参数。设置完成后，点击"确定"按钮，并查看画面的细节效果。

12点击"可选颜色"控制面板，设置如图所示参数，直到画面效果达到想要的效果。

拍摄雪景照片的一个重要技巧就是使用高速快门来压暗蓝天，从而与白雪的洁白起对比作用，来增加画面的空间感。本张照片，为使风光的景深变大，使用广角镜头，并设置小光圈进行拍摄。在后期处理中，要注意将画面中的细节层次处理出来，注意修饰过曝的部分，这样才能表现出雪松枝条的细节之美。

05

数码照片艺术化处理

在前面几章介绍了利用Photoshop CS6的功能对人像与风景照片做一些简单的后期制作，本章会侧重讲解怎样对照片做艺术化处理。

5.1 强大的滤镜效果赋予照片新的创意

Photoshop中的滤镜使用起来非常方便，但使用某些滤镜效果会占用大量内存，特别是在处理一些高分辨率的图像时。恰当地掌握一些使用滤镜的技巧，可以更加准确、有效地使用滤镜功能。具体包括以下几种方法。

方法1：在应用滤镜之前先选择"编辑"\"清理"\"全部"命令释放内存。但需要注意的是，仅当内存需要释放时，"清理"命令才可用。

方法2：将其他应用程序关闭，为Photoshop CS6提供更多的内存。

方法3：先在低分辨率的图像上试用滤镜效果，然后记录下滤镜设置，再将滤镜应用于高分辨率的图像上。

方法4：先设置选区，对选区内小部分使用滤镜效果，然后按"Ctrl+Shift+I"组合键进行反选，再按"Ctrl+F"组合键重复滤镜效果，使滤镜应用到整幅图像中。

方法5：如果图像所占的存储空间较大，而内存不足，则可以先对单个通道应用滤镜效果，然后再对主通道使用滤镜，如RGB通道。

方法6：如果选择了某一层或某个通道，则滤镜只对当前层或当前通道起作用。

方法7：执行了一个滤镜命令后，在"滤镜"菜单下的第一个命令会变成刚使用过的滤镜，选择它或按"Ctrl+F"组合键可以再次应用该滤镜。如果按"Ctrl+Alt+F"组合键，则会重新打开上次执行滤镜的对话框，以便重新设置参数。

方法8：在每个滤镜对话框中，按住"Alt"键，"取消"按钮会变成"复位"按钮，单击它可以将对话框中的设置恢复为打开时的状态。

方法9：对文本图层或形状图层应用滤镜效果时，系统会提示要先转换为普通图层才能执行滤镜功能。

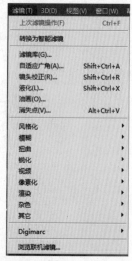

Photoshop CS6中的滤镜

5.2 "艺术效果"滤镜

选择"滤镜"\"艺术效果"命令，其子菜单如图所示。"艺术效果"滤镜可以对图像进行多种艺术处理，表现出绘画或天然的感觉。该滤镜组中共包括15种滤镜效果，但都必须在RGB模式下才能使用。使用滤镜前的原图像如图所示。

艺术效果

使用滤镜前的照片

1．"彩色铅笔"滤镜

"彩色铅笔"滤镜可以模拟铅笔在图像上绘制的彩铅画效果，铅笔的颜色使用工具箱中的背景色。当前景色和背景色为默认设置时，应用滤镜后的图像效果如图所示。

2．"木刻"滤镜

"木刻"滤镜可以将图像处理成由粗糙剪切的单色纸组成的效果。应用"木刻"滤镜后的图像效果如图所示。

彩色铅笔效果

木刻效果

3．"干画笔"滤镜

"干画笔"滤镜是介于油彩和水彩之间的效果，它可以模拟未沾水的画笔使用水彩画颜料进行涂抹的效果。选择"干画笔"命令，在"干画笔"对话框中设置各项参数，不同的设置会产生不同的效果，如图所示。

干笔画效果（1）

干笔画效果（2）

4．"胶片颗粒"滤镜

"胶片颗粒"滤镜会在图像中显示柔和的杂点，可以制作出照片的胶片效果。此滤镜常用于消除混合中的色带和在视觉上统一不同来源。选择"滤镜"\"艺术效果"\"胶片颗粒"命令，设置后的图像效果如图所示。

胶片颗粒效果

5."壁画"滤镜

"壁画"滤镜利用一些粗短的小颜料块在图像中进行粗糙的绘制，能强烈地改变图像的对比度，从而产生古壁画的斑点效果，如图所示。

6."霓虹灯光"滤镜

"霓虹灯光"滤镜可以产生彩色灯光照射的效果。应用滤镜后的图像效果如图所示。

壁画效果

霓虹灯效果

7."绘画涂抹"滤镜

"绘画涂抹"滤镜可以选取不同类型的画笔大小和类型，从而制作出各种涂抹后模糊效果的图像。"锐化程度"数值为10～40时的效果分别如图所示。

绘画涂抹效果（1）

绘画涂抹效果（2）

8."调色刀"滤镜

"调色刀"滤镜可以减少图像中的细节，使图像中相近的颜色融合，从而制作出油画刀绘制的效果。使用该滤镜的具体方法如下：打开一幅图像，选择"滤镜"→"艺术效果"→"调色刀"命令，在对话框中设置好各项参数后单击"确定"按钮。应用"调色刀"滤镜后的图像效果如图所示。

调色刀效果

9."塑料包装"滤镜

"塑料包装"滤镜可以制作出如同被蒙上一层塑料薄膜的图像效果，以强调图像表面的细节。应用滤镜后的图像效果如图所示。

塑料包装效果

10."海报边缘"滤镜

"海报边缘"滤镜可以将图像中的颜色分色，用黑线勾画图像边缘，从而提高图像的对比度，使图像产生漂亮的海报效果。应用滤镜后的图像效果如图所示。

海报边缘效果

11."粗糙蜡笔"滤镜

"粗糙蜡笔"滤镜可以制作出使用蜡笔在有质感的画纸上绘制的效果。在亮色区域绘制时会出现比较厚重且稍带纹理的效果，在暗色区域绘制时会呈现有划纹的效果。设置不同的纹理或描边长度，可以得到不同的效果。"粗糙蜡笔"滤镜的对话框如图所示。

各选项的功能如下：

Ⓐ描边长度：用于设置蜡笔描边的长度。值越大，笔触越长。

Ⓑ描边细节：可以调整笔触的细腻程度。数值越大，图像效果越粗糙。

Ⓒ纹理：用于设置画纸纹理，该下拉列表中包括"砖形""粗麻布""画布"和"砂岩"4种纹理样式。

Ⓓ单击该按钮：可以通过"载入纹理"对话框载入纹理。

Ⓔ缩放：用于设置纹理的大小。取值范围是50%～200%，数值越大，纹理越突出。该参数设置为80%和150%时的纹理效果分别如图所示。

Ⓕ凸现：用于设置图像纹理的浮雕深度。

Ⓖ光照：用于设置光源方向。该下拉列表中共有"下""左下""左""左上""上""右上""右"和"右下"8种方向可以选择。

Ⓗ反相：选中该复选框，将会反转图像中的光照方向。

粗糙蜡笔效果（1）   粗糙蜡笔效果（2）

12."涂抹棒"滤镜

"涂抹棒"滤镜使用短对角线涂抹图像的暗区，它可以柔化图像，使图像产生一种条状涂抹或晕开的效果。如果将该滤镜应用于图像的亮部，亮部会变得更亮，以致失去细节，如图所示。

13."海绵"滤镜

"海绵"滤镜可以创建强对比颜色的纹理图像，使图像产生被海绵浸染的效果。在对话框中设置完参数后单击"确定"按钮，得到的图像效果如图所示。

涂抹棒效果

海绵效果

14."底纹效果"滤镜

"底纹效果"滤镜可以根据图像的颜色和纹理产生喷绘的效果，进行不同的设置还可以创建布料或油画的效果。该滤镜的对话框如图所示，各选项的功能如下：

Ⓐ画笔大小：用于设置画笔大小。数值越大，图像对比效果越强烈。

Ⓑ纹理覆盖：用于设置纹理的作用范围。

Ⓒ纹理：可以在该下拉列表中选择不同的纹理类型，包括"砖形""粗麻布""画布"和"砂岩"4种纹理，还可以通过"载入纹理"对话框载入其他的纹理图样。

Ⓓ缩放：用于设置纹理的缩放大小。

Ⓔ凸现：用于设置图像纹理的起伏程度。取值范围是0～50，数值越大，纹理凸出越明显。

Ⓕ光照：用于设置光源方向。该下拉列表中包括"下""左下""左""左上""上""右上""右"和"右下"8种方向。

Ⓖ反相：选中该复选框，可以得到一个相反方向的光照效果。

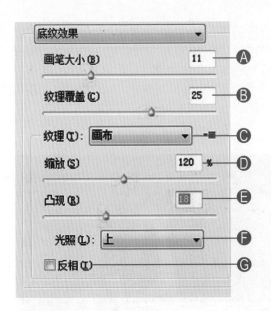

在对话框中设置完参数后单击"确定"
按钮，图像效果如图所示。

底纹效果

15."水彩"滤镜

"水彩"滤镜可以使图像产生水彩画般
的效果，对图像中的细节将给予简化。在对
话框中设置好各项参数后单击"确定"按
钮，得到的图像效果如图所示。

水彩效果

5.3 将照片制作成油画效果

在后期使用Photoshop软件将照片制
作出油画效果是很有意思的一件事情。可以
选择风景照片，也可以选择人像照片来制
作。具体操作步骤如下：

原图（左）和最
终效果图（右）

01 在Photoshop软件中打开要进行处理的照片，这是一张美女写真照片，如图所示。人物的五官突出，发色漂亮，接下来将它制作成绘画中的油画效果。

02 首先添加高斯模糊。执行菜单中的"滤镜"→"模糊"→"高斯模糊"命令，在弹出的"高斯模糊"对话框中设置参数，如图所示。设置完成后，单击"确定"按钮，得到的模糊效果如图所示。

03 将图像颜色调整得鲜艳一些。执行菜单中的"图像"→"调整"→"色相/饱和度"命令或按快捷键"Ctrl+U"，在弹出的"色相/饱和度"对话框中设置参数，如图所示，单击"确定"按钮，增加了画面的色彩饱和度，效果如图所示。

04 调整出油画的质感。执行菜单中的"滤镜"→"锐化"→"USM锐化"命令，在弹出的"USM锐化"命令中进行参数设置，如图所示。设置完成后单击"确定"按钮，得到小色块组成的画面，产生了初步的油画效果，如图所示。

05 加强油画效果。执行菜单中的"滤镜"→"艺术效果"→"绘画涂抹"命令，在弹出的"绘画涂抹"对话框中进行参数设置，如图所示，单击"确定"按钮，得到最终的油画效果，如图所示。

5.4 将照片处理为柔焦镜效果

照片拍摄得非常清楚固然很好，但有时太过清晰难免会少一些美感。拍摄的时候可以选择柔焦镜头，拍出朦胧效果的照片是一种不错的选择，而且拍摄人像时使用柔焦镜效果会更加理想。在Photoshop中给清晰的照片添加柔焦镜效果也是很容易的一件事。具体的操作步骤如下：

01 在Photoshop软件中打开要进行处理的照片，这是一张户外人像写真照片，接下来将照片进行柔焦镜效果处理。按快捷键"Ctrl+J"，复制"背景"图层，得到"图层1"，如图所示。

02 执行菜单中的"滤镜"→"模糊"→"高斯模糊"命令，在弹出的"高斯模糊"对话框中设置模糊"半径"为15像素，设置完成后单击"确定"按钮，得到模糊后的照片，效果如图所示。

03 在图层面板中将"图层1"的混合模式设置为"柔光"，如图所示。将高斯模糊的图像与背景图中的图像进行混合，即可得到照片的柔焦镜效果。照片被美化，最终的照片效果如图所示。

照片处理前

照片处理后

5.5 将照片制作成时尚名片

TEL：13012345678
ADDRESS：北京市朝阳区百子湾路
后现代城14号楼X座905室
E-MALL：liruoxi@163.com
QQ：12345678

李若希
平面模特

可以通过Photoshop中的"图层混合模式"命令、"色阶"命令和素材为照片制作名片效果。名片的风格可以是个性另类的，也可以是清新的，方法差不多，可以举一反三

01执行"文件"→"打开"命令，在弹出的"打开"对话框中选择准备好的人物素材（或者直接将准备好的人物素材拖进Photoshop中），素材与生成的图层如图所示。

03执行"文件"→"打开"命令（或者直接将准备好的素材拖进Photoshop中），在弹出的"打开"对话框中选择准备好的素材，如图所示。

02添加一个"色阶"调整图层，让照片对比更强烈。单击"图层"面板的"创建新的填充或调整图层"按钮 ，在弹出的菜单中选择"色阶"命令，设置弹出的对话框后，得到"色阶1"图层，调整后的效果如图所示。

04使用"移动工具" 将图像拖动到"步骤1"新建的文件中生成"图层1"图层，按快捷键"Ctrl+T"，调出自由变换控制框，缩小选框得到如图所示的状态，按"Enter"键确认操作。

05 使纹理融入照片。在图层面板的顶部，设置图层的混合模式为"滤色"，图层的不透明度为"45%"，图层的填充为"80%"，得到如图所示的效果。

06 单击"添加图层蒙版"按钮  ，为"图层1"添加图层蒙版；使用"渐变工具" ，设置一个由黑到白的渐变；选择"线性渐变" ，在照片上从右向左拖动鼠标，使边缘虚化，其蒙版状态和"图层"面板如图所示。

07 执行"文件"→"打开"命令（或者直接将准备好的人物素材拖进Photoshop中），在弹出的"打开"对话框中选择另一张准备好的素材图，如图所示。

08 使用"移动工具" 将图像拖动到"步骤1"新建的文件中生成"图层2"图层，按快捷键"Ctrl+T"，调出自由变换控制框，缩小选框得到如图所示的状态，按"Enter"键确认操作。

09 使纹理融入照片。在"图层"面板的顶部，设置图层的混合模式为"叠加"；单击"添加图层蒙版"按钮 ，为"图层1"添加图层蒙版；使用"渐变工具" ，设置一个由黑到白的渐变；选择"菱形渐变" ，从照片外向左拖动鼠标，使边缘虚化，其蒙版状态和"图层"面板如图所示。

10 使用工具条中的"横排文字工具" T，设置适当的字体和字号，在照片右上方输入相关的文字，如图所示。

5.6 将照片制作成明信片寄给朋友 ////////////

可以利用Photoshop中的"半调图案"滤镜、"喷溅"命令、"渐变映射"命令、"图层蒙版"等技术来制作明信片。无论是制作出来送给朋友还是商业用途，该技巧均非常实用

01执行"文件"→"打开"命令（或者直接将准备好的素材拖进Photoshop中），在弹出的"打开"对话框中选择准备好的人物素材图，然后复制2个"背景"图层（快捷键Ctrl+J），隐藏"背景 副本2"图层（点击"背景 副本2"图层前面的"眼睛"图标），使"背景 副本"呈操作状态，如图所示。

02为照片增加纹理效果。执行菜单栏中的"滤镜"→"素描"→"水彩画纸"命令，设置好弹出的对话框中的参数后，单击"确定"按钮，设置后的效果如图所示。

03显示"背景 副本2"图层，使其呈操作状态，可以为照片增加纹理效果。执行菜单栏中的"滤镜"→"素描"→"半调图案"命令，设置好弹出的对话框中的参数后，单击"确定"按钮，设置后的效果如图所示。

04这样看画面会显得混乱，所以要将两种纹理效果叠加在一起。在"图层"面板的顶部，将图层的混合模式设置为"柔光"，得到如图所示的效果。

05 使人物的脸部变清晰。使"背景 副本"图层呈操作状态；单击"添加图层蒙版"按钮 ◉ ，为"背景 副本"添加图层蒙版；设置前景色为灰色，使用"画笔工具" ✍ 设置适当的画笔大小和透明度后，在人物的脸部涂抹。其蒙版状态和"图层"面板如图所示。

06 调整图片的整体。先盖印出一个图层，以便下一步的调整；按下快捷键"Ctrl+Alt+Shift+E"键，执行"盖印图层"命令，得到"图层1"图层，如图所示。

07 新建图层，生成"图层2"图层，然后按下"Ctrl+Backspace"键为图层填充白色；按"Ctrl+["键，向下调整图形层次，使"图层1"呈操作状态；单击"添加图层蒙版"按钮 ◉ ，为"图层1"添加图层蒙版；选择"线性渐变" ▦ ，在照片左边拖动鼠标，使边缘虚化。其蒙版状态和"图层"面板如图所示。

08 由于颜色不统一，需要进一步调整。单击"图层"面板的"创建新的填充或调整图层"按钮 ◕ ，在弹出的菜单中选择"渐变映射"命令，设置好弹出的对话框后，得到"渐变映射1"图层，图层的不透明度为"25%"（可以根据不同的素材需要灵活地调整透明度），如图所示。

10 按快捷键"Ctrl+Alt+Shift+E"，执行"盖印图层"命令，得到"图层3"图层；隐藏下边的3个图层，使用"矩形选框工具" 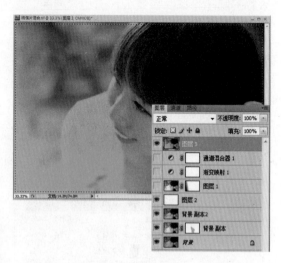 ，在画面中绘制一个矩形选框，如图所示。

09 单击"图层"面板的"创建新的填充或调整图层"按钮 ，在弹出的菜单中选择"通道混和器"命令，设置弹出的对话框后，得到"通道混和器1"图层，如图所示。

11 单击"添加图层蒙版"按钮 ，为"图层3"添加图层蒙版；将矩形选区转化为蒙版，然后右击选择"调整蒙版"，其蒙版状态和"图层"面板如图所示。

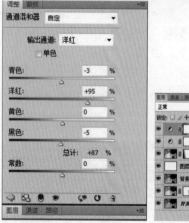

12给蒙版添加效果。单击"图层3"的蒙版缩览图，执行菜单栏中的"滤镜"→"画笔描边"→"喷射描边"命令，设置弹出的对话框中的参数后，单击"确定"按钮，为蒙版添加褶皱边缘。其蒙版状态和"图层"面板如图所示。

14使用"移动工具"将图像拖动到"步骤1"新建的文件中生成"图层4"图层；按快捷键"Ctrl+T"，调出自由变换控制框，缩小选框得到如图所示的状态，按"Enter"键确认操作。

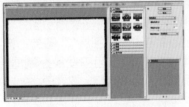

13执行"文件"→"打开"命令，在弹出的"打开"对话框中选择（或者直接将准备好的人物素材拖进Photoshop中）另一张准备好的信纸图案素材文件，如图所示。

15经过以上一系列步骤的操作，最终得到这张明信片的效果图，如图所示。如果觉得还不到位，可以利用前面小节的知识对明信片再进行色调的调整，直到自己满意为止。

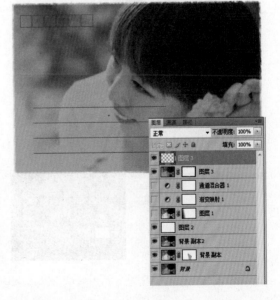

5.7 将婚纱照处理成艺术照

可以利用Photoshop中的"图层蒙版"命令、"调整图层"命令、"图层样式"命令等合成照片，制作出不一样的艺术效果

01 执行菜单"文件"→"新建"命令，设置弹出的"新建"命令对话框后单击"确定"按钮，创建一个空白文档。然后再执行"文件"→"打开"命令，在弹出的"打开"对话框中选择准备好的人物素材（或者直接将准备好的人物素材拖进Photoshop中），素材与生成的图层如图所示。

02 使用"移动工具" 将图像拖动到"步骤1"新建的文件中生成"图层1"图层；按快捷键"Ctrl+T"，调出自由变换控制框，缩小选框得到如图所示的状态，按"Enter"键确认操作。

03 运用前面小节所讲的知识，对照片的颜色进行细微的调整。单击"创建新的填充或调整图层"按钮 ，在弹出的菜单中选择"曲线"命令，设置弹出的对话框如图所示。

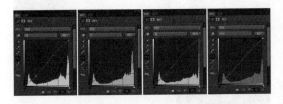

04 设置完"曲线"命令后，得到"曲线1"图层，然后按快捷键"Ctrl+Alt+G"执行"创建剪切蒙版"操作，可以看到照片的颜色调整为偏冷色调的色彩，效果如图所示。

06 使用"移动工具" 将图像拖动到"步骤1"新建的文件中生成"图层2"图层；按快捷键"Ctrl+T"，调出自由变换控制框，缩小选框得到如图所示的状态，按"Enter"键确认操作。

05 执行"文件"→"打开"命令，在弹出的"打开"对话框中选择（或者直接将准备好的人物素材拖进Photoshop中）另一张准备好的素材图，如图所示。

07 单击"添加图层蒙版"按钮■，为"图层2"添加图层蒙版；使用"渐变工具"■，设置一个由黑到白的渐变，选择"线性渐变"，在照片左边拖动鼠标，使边缘虚化；然后为图层1"添加图层蒙版，使用"渐变工具"■，设置一个由黑到白的渐变，选择"对称渐变"，在照片左边拖动鼠标，使边缘虚化。其蒙版状态和"图层"面板如图所示。

10 制作一个淡绿色的边缘效果。新建图层生成"图层3"图层，设置好前景色（R:8 G:56 B:56），可根据具体素材灵活设置参数。然后按快捷键"Alt+Delete"对"图层2"图层进行填充。在"图层"面板的顶部，设置图层的不透明度为"62%"，如图所示。

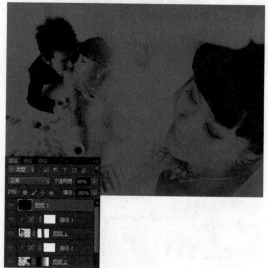

08 对照片的颜色进行细微的调整。单击"创建新的填充或调整图层"按钮■，在弹出的菜单中选择"曲线"命令，设置弹出的对话框如图所示。

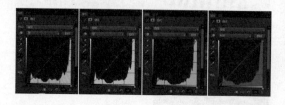

09 设置完"曲线"命令参数后，得到"曲线2"图层，按快捷键"Ctrl+Alt+G"执行"创建剪切蒙版"操作，可以看到照片的颜色调整为偏冷色调的色彩，效果如图所示。

11 单击"添加图层蒙版"按钮■，为"图层3"添加图层蒙版；设置前景色为黑色，使用"画笔工具"■设置适当的画笔大小和透明度后，在画面的中间位置涂抹。其蒙版状态和"图层"面板如图所示。

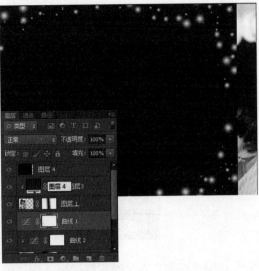

14 在"图层"面板的顶部，设置图层的混合模式为"滤色"，如图所示。

12 给画面添加星光。执行"文件"→"打开"命令，在弹出的"打开"对话框中选择准备好的另外一张星光素材图，如图所示。

13 使用"移动工具" ▶️ 将图像拖动到"步骤1"新建的文件中生成"图层4"图层；按快捷键"Ctrl+T"，调出自由变换控制框，缩小选框得到如图所示的状态，按"Enter"键确认操作。

15 执行"文件"→"打开"命令，在弹出的"打开"对话框中选择准备好的一个花纹的素材文件，给画面添加花纹边框，如图所示。

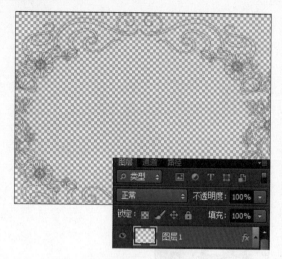

15 使用"移动工具" 将图像拖动到"步骤1"新建的文件中生成"图层5"图层；按快捷键"Ctrl+T"，调出自由变换控制框，缩小选框得到如图所示的状态，按"Enter"键确认操作。

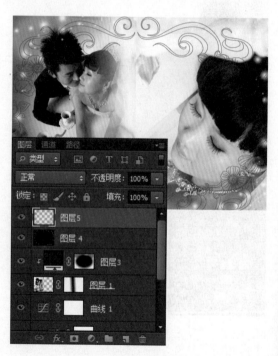

17 使用工具条中的"竖排文字工具" ，设置适当的字体和字号，输入相关文字并添加合适的样式，如图所示。

16 单击"图层"面板底部的"添加图层样式"按钮 ，在弹出的下拉菜单中选择"外发光"命令，在弹出的对话框中对"外发光"命令和"颜色叠加"命令进行设置后，单击"确定"按钮，即可为花纹制作柔光的效果，如图所示。

06

数码照片的管理

　　数码相机的前期拍摄给我们带来了很多方便，可是常会遇到不能随时欣赏的问题，所以数码图像输出成为数码摄影的主要问题。另外，如何将我们的作品制作成屏幕保护幻灯片程序或者网络相册，都将在这一章进行介绍。

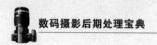

6.1 数码照片的冲印优势

数码相机对我们的前期拍摄带来了各种便利，可以在拍摄完后及时浏览。但有些时候我们却更喜欢通过照片来欣赏和回味，这时可以考虑将数码相片进行输出，也就是冲印或者打印出来。

数码冲印是通过彩色扩大的方法，将传至电脑中的图片文件的数字信号，通过专业设备转化为光信号，然后在专业相纸上进行曝光处理，再通过传统的冲印过程即可得到最后的照片。

富士370冲印机

简单地说，数码冲印就是用彩扩的方法，将数码相机所拍摄的图像在相纸上曝光，最后输出照片的过程。数码冲印设备主要由输入、处理和输出三个部分组成。但数码冲印设备没有专门的存储卡插槽等供数码图像的输入，各种数码图像要先从读卡器、光盘或数码相机输入到电脑中，然后通过局域网将数据交给数码冲印设备进行数码照片的冲印。如上图所示为富士370冲印机。

数码照片的打印需要数码相机的配合，也就是说，数码相机必须能够遵循和支持数码输出的协议和标准，才可以通过数码打印机获得高品质的数码照片。具有PIM直接输出打印功能的数码相机，就可以配合数码打印机进行工作。如图所示为爱普生A3照片打印机R1800。

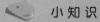 小知识

PIM是英语Print Image Matching的缩写，意思是"影像打印匹配"，是由爱普生联合美能达、理光、柯尼卡、卡西欧、奥林巴斯、索尼等数码相机生产厂商共同制定的一个技术标准，使打印机能够识别数码相机拍摄时所记录的某些参数，从而真实地还原拍摄的图像。

爱普生A3照片打印机R1800

　　下面通过具有PIM技术的数码照片打印机来了解数码相机的直接打印方法。将存储卡放到打印机的存储卡插槽中，通过打印机面板对所要打印的照片进行调解，然后进行打印输出。

　　理论上，数码打印的分辨率至少应该达到1400dpi，而数码冲印的分辨率一般只能在600dpi以下，但事实上并没有这么完美。由于数码打印有墨滴扩散的问题，所以数码打印在细腻程度上并不比数码冲印高。而之所以数码冲印在色彩还原能力方面不及数码打印，是因为数码冲印没有与数码相机接轨的相应标准。尽管如此，在色彩层次和对比度方面，数码冲印要略胜过喷墨打印机。

　　而且数码冲印除了可以冲印普通规格的数码照片以外，还可以制作成木雕、怀旧、黑白等多种色调处理的照片，以及日历、贺卡、海报、水晶摆台，或者印在茶杯、T恤上做出十分个性化的产品，如图所示。

用数码冲印技术制作的日历、杯子、水晶摆台等个性产品

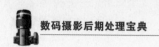

6.2 快乐分享

前面我们讲过，数码照片的放大尺寸与数码相机拍摄时的像素及数码相机的感光元件的尺寸有关，但是数码相机感光元件的尺寸是我们不能控制的，所以在这种情况下，最好是先了解冲印质量和拍摄到的影像文件是否成比例。因为过分压缩影像文件，会严重影响冲印质量。

拿着心爱的数码单反相机，看到合适的对象就忍不住要拍下来。虽然可以将拍摄的数码照片存储在电脑中欣赏，但是，有时候多少还是感觉不方便。为了更好地享受拍摄出来的照片，我们可以将自己喜爱的照片打印出来，装在相册、相框中随时欣赏。

制作打印索引

将拍摄好的照片集中整理编号，可以使数量庞大的照片一目了然，如图所示。拍好的照片存入电脑后，如果只让它沉睡在硬盘里的话，难得的佳作会成为巨大的资源浪费，不如把照片读入电脑后，用打印机作成索引照片，这样不仅让照片变得有条有理，还会为后面的打印工作带来很大的便捷。好好使用电脑，来整理数码照片吧。

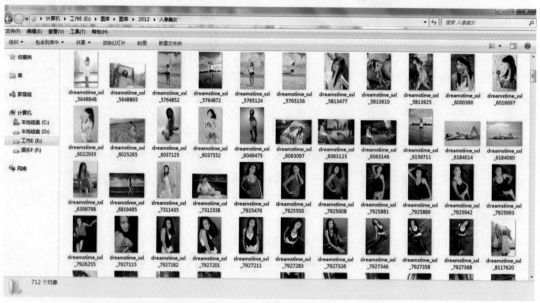

将照片导入电脑，方便整理与管理数码照片

索引打印的步骤：①将照片存入电脑。②选出需要索引打印的照片。③选择好打印文件的名称、日期等信息后开始打印。④打印完成。

专业的数码相片冲印店可以根据我们的需要冲印指定尺寸的数码照片，他们拥有一流的设备和专业的冲印技术，我们可以非常放心地把自己的拍摄成果拿给他们冲印。如果需要对数码照片进行后期处理，而自己又不是很精通这方面的知识，那么专业的冲印店是较好的选择，我们可以提出自己的后期编辑要求，由专业的人员来完成对数码相片的后期编辑就可以了。

网上冲印，最好选择一些大型的知名的网上冲印店，这些网上冲印店大多都有自己的实体冲印店，而且技术与服务都信得过，只要在网上根据网店的提示注册并递交网上冲印订单，就可以非常便捷地使自己的拍摄成果变成照片了。

冲印数码照片

当然，创建索引是为了方便输出，但是数码照片的冲印并不是听起来那么简单的。

通常我们实现数码照片冲印的途径有以下几种，可以拿着我们选好的数据资料到专业的冲印店冲印数码相片，网上冲印店在互联网普及的今天也非常方便。我们还可以选择家用的打印机来打印自己喜欢的照片，如图所示。

专业的数码冲印店

网上数码冲印店

在家使用打印机打印

家庭自主打印，需要有一台打印机。使用打印机之前，首先要了解一些重要的打印参数，如：打印分辨率、墨水数目、打印速度、打印幅面、输出介质等指标参数。其中，决定图片输出质量的两个硬性指标是打印分辨率和墨水数目。但不一定要片面追求高参数、多功能，应该根据自己的实际需要来选择打印机。家用照片打印机输出的图片和照片的打印质量自然是非常重要的，好的照片打印机的输出色彩应清晰细腻、鲜艳生动，颜色过渡应该平滑。

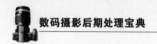
6.3 制作电子幻灯片

数码照片可以一直保存在电脑中，但储存在电脑中观看并不方便，我们可以用软件将照片制作成幻灯片、电子相册。这样既可以作为电脑的屏幕保护程序，也可以方便传送给朋友。ACDSee是一款很流行的图像浏览软件，配合ACD Fangelo就可以自己制作屏幕保护程序了。下面介绍如何用ACDSee制作幻灯片。

01 打开ACDSee，找到要制作幻灯片的图片所在文件夹；单击这个文件夹，文件夹内的所有图片都会在右侧的图片缩略窗口中列出来，如图所示。

在ACDSee中打开图片

02 按住"Ctrl"键并单击鼠标左键选择要制作成幻灯片的文件，如图所示。

选择图片

03 单击菜单栏中的"创建"菜单，然后单击级联菜单中的"创建幻灯片"，如图所示。

创建幻灯片

04 在弹出的"创建幻灯片演示文稿向导"对话框中，选择要创建的幻灯片文件类型。在ACDSee中包括独立的幻灯片演示文件（创建完的文件以.exe为后缀）和windows屏幕保护文件（创建完的文件以.scr为后缀），然后单击"下一步"按钮，如图所示。

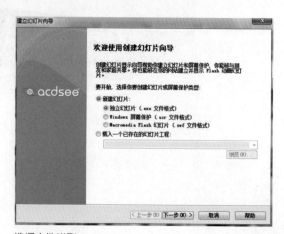

选择文件类型

05 在弹出的对话框中，选择想要包含在幻灯片中的图片，然后单击"下一步"按钮，如图所示。

选择图片

06 在弹出的标有"设置文件特定选项"对话框中，设置图片间的过渡效果和文字，如图所示，单击"下一步"按钮。

选择图片

07 此时会弹出一个幻灯片时间的对话框，如果勾选全部应用，则每张图片都会应用；如果不勾选，则只是设定选中图片与下一张图片间的过渡时间，如图所示。

幻灯片时间

08 可以勾选"自动"，如图所示。

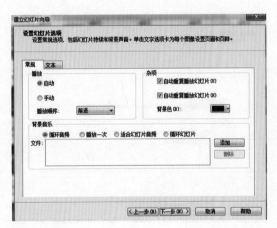

勾选"自动"

09 在弹出的"设置文件选项"对话框中，设置图像大小；单击"浏览"按钮设置文件名和位置，如图所示。单击"下一步"按钮，然后单击"保存"按钮，如图所示。

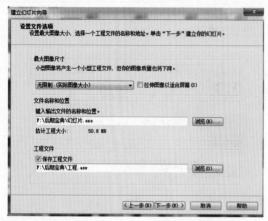

设置文件名及位置

10 随后程序按照设置完成幻灯片演示文件的生成，然后单击"完成"按钮。完成幻灯片演示文件的制作，如图所示。

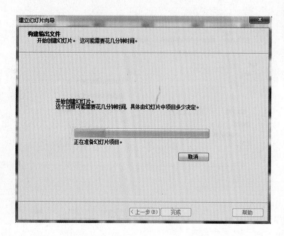

正在准备幻灯片项目

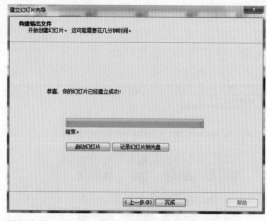

保存文件

11 在指定保存的位置开始幻灯片播放，如图所示。

完成制作

12 至此，幻灯片演示文件的制作就完成了，如果想将其制作成自己电脑的屏幕保护文件，只要单击菜单栏中的"工具"菜单，在级联菜单中选择"屏幕保护程序配置"命令，如图所示。

"屏幕保护程序配置"命令

13 在弹出的对话框中，选择要制作成屏幕保护文件的图片，单击"添加"按钮可以增加更多的图片，单击"确定"按钮，程序将在下次启动该屏幕保护程序时启动。单击"配置"按钮，可以设置屏幕保护文件的过渡效果、声音和文字等，如图所示。

设置屏幕保护文件

6.4　在网上展示摄影作品

　　数码照片的优点就在于可以存储很长时间而不损坏照片的质量，还易于传输。通过网络可以把我们的作品传送给朋友，还可以在一些网站上上传自己的摄影作品。可以用简单的文字来解说自己的作品，与更多的人一起分享、学习。下面就举例说明怎样在太平洋摄影博客中上传、分享自己的摄影作品。

01 在太平洋摄影博客中注册一个自己的账号，如图所示。

注册一个自己的博客，已有账号的就直接登录

02 登录博客后会出现的界面如图所示。

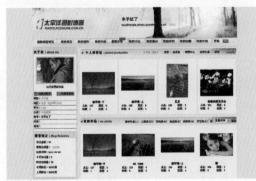

博客的界面

03 点击"发表作品"，如图所示。

点击"发表作品"

04 会出现一个对话框，将其按要求填完后，点击"保存，开始上传作品"，如图所示。

填写信息保存，开始上传作品

05 上传完照片后进入"作品管理"，可以
对相册进行编辑、分享，如图所示。

点击作品管理（发表）

06 可以进入博客首页查看摄影作品。查看作品时，可以点击幻灯片播放，也可以点击展开
所有作品，如图所示。

幻灯片播放形式

展开所有作品形式